事业危机　经济危机　婚姻危机　健康危机

谁的中年不危机？

张笑恒——著

北京时代华文书局

图书在版编目(CIP)数据

谁的中年不危机? / 张笑恒著. —北京 : 北京时代华文书局, 2021.5

ISBN 978-7-5699-4173-9

Ⅰ. ①谁… Ⅱ. ①张… Ⅲ. ①人生哲学-通俗读物 Ⅳ. ①B821-49

中国版本图书馆 CIP 数据核字 (2021) 第 089686 号

谁的中年不危机?

Shui de Zhongnian bu Weiji

著　　者 | 张笑恒

出 版 人 | 陈　涛

项目统筹 | 石冠哲

责任编辑 | 石冠哲

装帧设计 | 天下书装

责任印制 | 訾　敬

出版发行 | 北京时代华文书局 http://www.bjsdsj.com.cn

北京市东城区安定门外大街 138 号皇城国际大厦 A 座 8 楼

邮编:100011　电话:010-64267955　64267677

印　　刷 | 三河市天润建兴印务有限公司　13603367195

(如发现印装质量问题,请与印刷厂联系调换)

开　　本 | 880mm×1230mm　1/32　印　张 | 7.25　字　数 | 150 千字

版　　次 | 2021 年 8 月第 1 版　印　次 | 2021 年 8 月第 1 次印刷

书　　号 | ISBN 978-7-5699-4173-9

定　　价 | 48.00 元

序　言 · PREFACE

生活中的哪一瞬间,让你有了中年危机的感觉?

突然发现鬓角生出了白发?惊觉熬不动夜了?被新入职同事的出生年份惊到?还是父母突然患病入院,你不得不公司、医院两头奔波?抑或是看到同龄的朋友都忙着拼二胎,自己还是孤身一人?

中年危机又称“灰色中年”,多发生在39—50岁,指的是人生在这个阶段遭遇的事业、健康、婚姻等各方面的危机。但在现实生活中,这种危机感明显提前了,甚至很多“90后”都开始有了中年危机。

最典型的是中年职场危机,你曾经引以为傲的职业壁垒,今天分分钟就被“95后”攻破了。被裁员的浪潮一冲,才发现有资本傲娇的不是自己,而是所在的平台,离开了平台的自己,就像裸露在沙滩上的螃蟹,怎么努力也爬不出更远。

最憋屈的是中年经济危机。是谁说人到中年不如狗?简直太贴切!有人说,所谓的中年危机,说白了就是金钱焦虑。每天一睁眼就是房贷、车贷、取暖费、物业费、保险费、生活费,以及孩子的尿不湿、奶粉、学费,外加老人的赡养费,如果不出什么意外,单单是每个月的基本生活费用都不菲。压在中年人身上的简直是大山重重!

最令人唏嘘的是中年年龄危机。曾经的英俊少年、窈窕少女,一眨眼都被岁月修理出了啤酒肚、秃顶、皱纹,成了不招人待见的“油腻中年”。

最悲哀的是中年人的婚姻危机。明明都在各自拼命为家庭付出,可夫妻俩却渐行渐远。不是吵得一地鸡毛,就是爱情败给了冷漠。就算晚上躺在一张床上,也宁愿各自抱着手机,背对背刷刷刷,而懒得去沟通交流。双方都很孤独,彼此都不言破,只好继续冷漠,持续失望。再不就是闹出家暴、出轨事件,搞得家庭鸡犬不宁、支离破碎。

最值得警惕的是健康危机。万一自己有个三长两短,幼小的孩子怎么办?年迈的父母怎么办?人到中年,一个人倒下,整个家就要面临分崩离析。中年人的现状就是,不敢病,不敢死,在生活的刀尖上如履薄冰、战战兢兢地走着,真可谓步步惊心。

这每一道关卡都像是一重考验,有人把人生比作唐僧西天取经,事实上,这比西天取经还要难上数倍。至少取经路上,还有孙悟空这等高手帮他打妖捉怪,幕后更有法力无边的观音菩萨坐镇助其化险为夷。人生路上,只有我们自己,每当遇到困难和险境,都得靠我们自己亲手解决。

不过,有问题,就有解决问题的方法。说到底,中年危机其实就是心理上的危机,并不是无解难题,关键在于自己如何调整,如何去积极面对。

中年失业当然是巨大的打击,会引发焦虑、自我怀疑甚至轻生,但也要认真审视一下手里的筹码。不能和年轻人拼体力,但这些年在职场也不是白混的,你积累的专业技能、客户资源、人脉关系,都可以成为你中年翻盘的利器。

中年人经济上的捉襟见肘当然让人郁闷,甚至慌乱,如果能提前做好家庭理财规划,消费上量力而行,不在教育上攀比,不眼红别人的成功,多纵向比较,少横向比较,你的生活会更加从容。

关于老去这件事,每个人都会经历,没必要焦虑,焦虑只会加剧衰老。朱生豪写给宋清如的情书中有这样一段话:“不要愁老之将至,你老了一定很可爱。而且,假如你老了十岁,我当然也同样老了十岁,世界也老了十岁,上帝也老了十岁,一切都是一样。”不想老得太快,就平和接纳,而不是奋力对抗。

中年人的婚姻危机根源多半是倦怠,但与其向外寻求刺激,不如对内制造激情。出轨也是需要精力和金钱的。何况,短暂的激情过后,可能需要你赔上全部身家,代价未免有点大。当然,如果真的过不下去了,快刀斩乱麻,分道扬镳也不失为一种解决之道。

健康危机虽然可怕,但也是可控的。少熬夜,多运动,定期到正规医院体检。到了中年,就别再像少年那样放纵自己的口腹之欲了,以免肠胃因为负担太重而狠狠报复你。

不要以为中年距离你还很遥远,如果你不懂得经营和管理自己,危机随时都会冲出来虐你没商量。本书从现实出发,深度解析了中年危机背后的深层原因,并给出了实操建议,能帮助我们早一点感知危机、认识危机,进而更好地应对危机、化解危机。

挺直腰杆,保持定力,勇敢面对,中年不是万事休的年龄,而是一个全新的开始。

目　录 · CONTENTS

第一章

中年未至，身边已危机四伏

1. 中年，你油腻了吗？

2017 年，冯唐的文章《如何避免成为一个油腻的中年猥琐男》引发大量转发和点赞，“油腻中年”这个词开始火爆社交媒体。

“油腻”主要指的是中年男女身上一些让人讨厌的特质。

曾经满是胶原蛋白的脸上，多了沟沟壑壑的痕迹，再也不复曾经青春年少的模样。让人不得不感慨，岁月真的是把“杀猪刀”。

油腻中年最大的特点就是身材发福走样，曾经身材健美的小鲜肉沦落为挺着啤酒肚的大叔。女人也一样，曾经翩翩美少女，凹凸有致的玲珑身材，悉数被脂肪堆积的肚腩和松垮的“蝴蝶袖”代替。

一方面，这是人到中年，身体的新陈代谢功能下降的缘故，另一方面也和中年人不注意饮食有关系。到了中年，一些人对身材的要求不那么苛刻了,开始放任自己吃吃喝喝,一副大碗喝酒、大口吃肉人间才值得的样子。女性因为怀孕生育,放弃了曾经将减肥进行到底的人生目标,不再克扣自己的口粮,以至于在肥胖的路上一去不复返。

也有一些中年人是因为开始注重养生,喜欢吃保健品,结果增加了身体的代谢负担。

毫无节制地吃吃喝喝,带来的不仅是肥胖,还有高血脂、高血压等疾病隐患。

油腻中年的另一个特点是不修边幅。比如不常洗头,不换衣服,不修剪指甲,不刮胡子,穿着裤衩遛弯,穿着睡衣去买菜,整个人看起来很邋遢。到了中年,多半被家事拖累,尤其是女性,生了孩子后常常忙得颠三倒四,根本无暇顾及自己的形象。

当然,油腻中年不单单是指外表,油腻其实是人懈怠和停滞的表现。到了中年,拼搏了十来年,事业、家庭相对稳定,很多人开始安于现状,不再有年轻人的冲劲和干劲,开始向往闲云野鹤的日子。下班后,窝在沙发上刷手机,一刷就是几个小时。周末,不是约了朋友吃饭闲聊,就是逛街、看电影。不再追求进步,不再热衷于竞争,开始贪恋理想中“岁月静好”的人生。

更有一些油腻中年男错把猥琐当幽默,在公共场合大讲荤段子,调戏小姑娘,说话油腔滑调,没有能力又喜欢吹嘘,非常惹人厌恶。

以上种种,其实不仅是中年人,无论出现在哪个阶段都会令人反感。

所谓中年油腻,并非单指中年群体,而是指缺少生活信仰与生活态度的一类人。俞敏洪曾在《星空演讲》中这样定义油腻:“不管是20、30岁,还是40、50岁,只要他内心充满了油腻,再也不成长了,充满猥琐封闭的东西,那就是油腻男,如果女的这样,也可以叫作油腻女。”

冯唐在文章中写道:“近几年,特别是近两三年,周围的一些中年人被持续地很有节奏地拎出来吊打,主要的原因都是因为油腻。这些中年人有些是我的好朋友,有些是我认识的人,有些我耳闻了很久。他们有的是公共知识分子,有的是意见领袖,有的是相对成功的生意人。小楼一夜听春雨,虚窗整日看秋山,男到中年,我们也该想想,如何避免成为一个油腻的中年男。”

像中年人年轻时候的偶像刘德华、梁朝伟,到现在依然是招人喜欢的优雅偶像。那么,我们普通人如何才能安稳度过中年,不变油腻,越活越年轻呢?

自律

我们明白很多道理,喝了无数碗鸡汤,但依然还那么油腻,说到底还是不够自律。

嘴里嚷嚷着“三月不减肥,六月徒伤悲”,还没节食几天便放弃了;明明想要早睡,却又日复一日地敷着最贵的面膜,捧着手机熬着最长的夜。

人到中年,自律不自律,都会最直观地体现在外貌上。

歌德说:“自律者得自由。”

年轻时,身材和面容来自父母。30岁之后,稍微松懈一点点,皮肤就垮了下来,身材也肿了起来。我们身上的每一寸赘肉,都是向慵懒生活妥协的结果。

有人说,自律的过程无异于一场苦修。也有人说,自我重塑很苦，却也很快乐。更重要的是，当我们真正付出行动后，一定能看到变得更完美的自己。

保持干净整洁

定期剃胡子、理发，修剪指甲和鼻毛，不要把自己整得像个“艺术家”。

着装干净整洁、大方得体，外在的形象更是彰显年轻的标志。都说人到中年便会变得“邋遢”，当你仍然在意外在的这些小细节时，就说明其实心还未老去。

寻找志同道合者

有人油腻，就有人不油腻。如果你不愿意人生就此停滞，就去寻找和你一样“不甘于现状”的人结伴前行，让你们成为照亮彼此生命的光和亮。避免和那些认命、停滞不前的朋友走得太近，否则会被他们影响。

心中装着梦想

负重前行的中年人，若还能有梦想，天空就不会黯淡无光。这里的梦想不是那种不切实际的假大空目标，而是对家人的承诺，相信靠自己的双手可以创造美好未来。正如俞敏洪所说：“一个人，只要不放弃自我成长，心里装着梦想，还期盼着未来，那么，他的日子一定是充实而丰盈的，他的明天一定是充满希望的。”

我们不能让时间的车轮倒转，但至少可以管理自己，拒绝活成自己讨厌的样子。

2. “90后”的中年危机，从2020年的疫情开始

2020年爆发的疫情，让无数人处于失业和待业状态。知乎上的热门话题有“年底突遇疫情，你后悔辞职吗”“2020年，裸辞的都怎样了”“疫情当前，适合裸辞吗”“疫情期间想辞职，又怕工作不好找，怎么办”等。

我们看到，曾经一言不合就裸辞的“90后”，在生活面前开始斟酌、犹豫了，甚至开始后悔裸辞了。有“90后”感叹，疫情待业1个月，存款还够活10天。有人一针见血地指出，“90后”的中年危机，从2020年开始。

“90后”的中年危机是从什么时候开始的？大概是生活的重担压下来，四处张望，却无人可以依靠的时候吧。

有“90后”网友称自己在二线城市刚换了工作，月薪5000元，不算太高，也说得过去。妻子刚生了孩子，没有工作。没想到刚入职一个多月，公司就因为疫情倒闭了，而自己还在试用期，没有拿到补偿款。这听起来就像个笑话，却真实地砸在自己头上。小家庭毫无预兆地直接开启只有支出没有收入的模式。

另一位在酒店做管理的“90后”，说自己之前每个月差不多有7000多元的收入，去掉3000元的房贷，剩下的钱只够应付生活，根本就没有什么存款。疫情一来，自己的工资大幅度缩水，连房贷也还不起了。

在杭州打拼了6年的一名“90后”设计师，因为疫情，对辞职的态度也发生了改变。甲方不断推翻设计好的方案，领导也开始质

疑他的能力,这要在以前,他早就拍屁股辞职了,但现在这种情况,辞职无异于“自杀”,更别说裸辞了。

无可避免地,崇尚自由和潇洒的“90后”在生活面前也表现出了“怂”的一面。但从另一个角度看,这又何尝不是一次成长的机会呢?

罗曼·罗兰在《米开朗基罗》中写道:“有一种英雄主义,是在认清生活残酷真相之后,依然热爱生活。”人到中年,生活的压力已经由不得自己在职场中自由来去,权衡之下,还是要先养活自己和家人。

生活的真相很残酷,也不能因此颓废,而是应该寻找机会,突破困境。

眼看着假期因为疫情一天天延长,复工遥遥无期,刚刚买房、买车的“90后”,刚刚结婚生子的“90后”,刚刚起步创业的“90后”,刚刚实现“口红自由”的“90后”……面临的压力可想而知。

一场突如其来的疫情,让原本荷包就干瘪的“90后”瞬间变得捉襟见肘,那么,该如何度过这场危机?

做保守的乐观主义者

疫情之下不能盲目乐观,那是自欺欺人。但过度悲观,对自己也毫无益处。

保守的乐观主义者,在看到自己无法控制的外在因素带来的不良影响后,不是一味地抱怨,而是放下问题“最优解”退而求其次,积极去适应。比如,因为疫情遭遇裁员,能迅速调整心态再出发,而不是和快倒闭的企业死磕。

疫情危机，会让我们面临更多的难题。积极行动，才能在困境中突围。

学习与改变永远都不迟

这次疫情夺走了一些人的生命，较长时间的封闭管控也让很多企业岌岌可危，使得本来就焦虑的中年人更加不安，担心自己收入缩水，担心自己被裁，即便是被要求居家办公，也是患得患失，内心恐慌不已。

再多的恐慌和焦虑都没有意义，职场是一个需要创造价值的地方。不如趁这个机会重新定位自己，探索适合自己的新的工作岗位和工作模式，提高自己的核心竞争力。只要你愿意学习和改变，危机就是机会。

反省自己

疫情之下，一切暂停，中年人不要被别人的焦虑牵着走，冷静下来去思考：疫情对我从事的行业有什么影响？是机遇还是挑战？我具备迎接机遇和挑战的能力吗？如果具备，接下来该怎么做？如果不具备，又该怎么做？

在全世界蔓延的疫情面前，没有人能够全身而退。可能很多人会很“受伤”，但要相信，只有经得起暂停的人生，才值得拥有更好的未来。

3. 为什么说 35 岁是人生的一道坎？

35 岁是一个人一生的分水岭，无论是身体、事业还是感情，都走到了一个临界点。

35 岁是身体上的一道坎。

大部分人到了 35 岁之后身体就开始走下坡路。比如，你发现自己怕冷了，已经扛不住在寒冬腊月继续裸露脚踝了；比如你不再喜欢喝冰水，因为一喝就牙疼，开始习惯去哪里都带着保温杯，里面泡着枸杞；比如，你发现头发变少了，每次洗头发都会掉很多；再比如，以前熬一次夜第二天照样活蹦乱跳去上班，现在你熬一次夜，第二天根本打不起精神，需要好几天才能恢复元气。

35 岁是事业上的一道坎。

35 岁，你在公司开始成为骨干，是经理、主管或老板，能独当一面。但这些同时也给你带来了巨大的压力，让你疲于应付，心力交瘁。中年人，光是维持现状，就已经竭尽全力了。看似稳定的生活模式，一旦有什么风吹草动，就会瞬间陷入支离破碎的险境。

在 2019 年热播的电视剧《都挺好》里，大哥苏明哲毕业后留在国外生活，拿到了绿卡，夫妻恩爱，有一个可爱的女儿，还有一套房子，可以说生活美好，未来可期，但中年失业把这一切都打碎了。

《小欢喜》里，黄磊扮演的方圆 45 岁，上有父母要赡养，下有两个高三孩子要照顾，却在这个节骨眼上失业。他像个孩子似的无助痛哭，他说自己年轻的时候以为自己可以是金庸笔下的大侠，“逍遥肆意闯江湖，功名利禄任君选”，可是人到中年，才发现自己不过是在夹缝中挣扎求生存的配角。这场哭戏，扎了多少中年人的心。

中年失业之所以难再就业，是因为职场上，职位越高，流动性越小；年龄越大，流动性越小。这就意味着 35 岁失业，就要去和更年轻的人去竞争。一方面，公司开给年轻人的薪水肯定不会太高。另一方面，35 岁在精力、体力、拼劲上已经远远不如年轻人。这是中年失业后高不成低不就的最大原因。

如果有幸不失业，但要维持住自己在好不容易挤进去的精英阶层中的地位，也是很艰难的。

35 岁是事业上的一道坎，也不仅仅是因为再就业找不到合适的工作，更多的还是背后承担的压力。被钉在房奴的十字架上下不来，再加上养孩子的支出，生生把自己逼成了赚钱的机器。没有谁比中年人更能体会缺钱的滋味。

35 岁是感情上的一道坎。

结婚几年下来，感情是怎么变淡的？爱情是怎么被鸡毛蒜皮打败的？这个过程已经无从谈起了。有人感叹，我 35 岁还没结婚，但我的好几个同学都在忙着离婚了。曾经以为轰轰烈烈的爱情一定会在婚后磨合出细水长流，将爱进行到底，但婚后却处得心力交瘁，爱情被磨去所有皮肉，只剩下森森白骨。

无论是身体、事业还是感情，35 岁都是一个分界点。那么，该如何度过 35 岁这道坎呢？

不要透支身体

针对身体上的坎，唯一的办法就是不要透支，无论是生活需要还是工作需要。总有一天你会发现，你熬的不是夜，是命。

做有积累的资源型工作

资源型的工作开始比较难，但后期随着资源的积累就会越来越容易。比如，销售类、市场类、运营类都属于资源型工作。

而技术类工作刚好相反，开始赚钱很多，但这需要体力和精力的巨额支出，随着年龄的增长，收入也会受到影响。而且技术这条路，不是长跑，而是每年一次的冲刺跑，不但没有积累，还要跟年轻人竞争，所以必然越来越吃力。当然，其中一些人能幸运地跳到其他跑道上，继续向前，但大部分人都会遭遇中年危机。

增加副业收入

中年危机多半和钱有关，能把钱的问题解决了，大部分问题也就不是问题了。无论是中年失业后再就业还是创业，都少不了钱做后盾。所以，有必要在正业收入的基础上增加副业收入。

调整对婚姻的认知

年轻的时候，爱情是天，结婚后发现柴米油盐是一切。但婚姻并不是爱情的坟墓，婚姻也是事业，是需要经营的。无论在恋爱期间还是在婚姻阶段，你愿意为之付出，精心呵护，那么，你就会有回报。当然，付出也要看对象，如果对方不值得，那就赶紧止损。

虽然人到中年劣势越来越明显，但只要我们不断调整自己，去适应新的变化，就能把坎坷变成坦途。

35 岁，是一道坎，但人生没有跨不过去的坎。

4. 没有户口的抉择：留在大城市还是回老家？

在大城市奔波的中年人，多半有不错的工作，买了房子、车子，看起来已经稳定了。但在孩子的上学问题面前，这一切皆可放弃。

非京籍的孩子只能回原籍参加高考，这是残酷的现实。而吃过生活的苦的中年人比任何人都懂得教育的重要性。

35 岁的乔慧常为孩子的上学问题抓狂，大儿子在北京读小学五年级，小女儿明年幼升小。他们结婚时在北京贷款购置了一套房，老公月薪 3 万左右，自己 1 万多，这虽然不能让他们大富大贵，但至少衣食无忧。

但是他们没有北京市户口，孩子上学怎么办？回老家跟着老人，不放心，万一把孩子荒废了，自己拼尽全力留在北京又有什么意义？而如果继续留在北京，那么在未放开异地高考前，只能报考高职高专。孩子成绩很好，她和老公还是希望孩子能去更好的大学深造。

还有一个选择就是去读私立学校，未来选择出国，但动辄每年十几万的学费，他们根本无力承担。

最后一个选择，就是她带着孩子回老家，老公留在这里。两地分居带来的各种不确定，也让她望而生畏。或者她和老公一起回到老家的省会去，但这让她更加不安，能不能找到合适的工作？换个城市能不能适应？这些都是问题。

一个没有北京户口的北漂到底有多抓狂？有人统计，北京户口有 80 余项福利，没有户口的人是享受不到的，包括教育、医疗、购房、生育、养老，甚至连恋爱都要被贴上没有户口的标签。

周晶在北京一家医院做了 8 年护士，没房没车，对此她原本也不焦虑，没房没车的人多了去，也不多自己一个。但有一次，她去见一个相亲对象，一见面，对方就抛出灵魂之问："你有北京户口吗？你是编制工还是合同工？"这让她非常尴尬，后来干脆扔下筷子，说了句"你慢慢吃，我还有事"，就落荒而逃。

从此，她总是想自己没有北京户口，没有房子，还是个合同工，就不配拥有爱情吗？也许这就是现实。于是，她决定回归故乡。这虽然是一个艰难的选择，但自己已经 30 岁了，在北京什么都没有，即便现在不回，以后还是要回去的。总不能在北京一辈子租房，就算找个同样的外地人结婚，两个家庭倾其所有付个首付，以后孩子上学总还是要回。既然终归要回去，不如早点回。

对很多中年人来说，生活就像一个圆圈，拼尽全力奋斗了很久，发现自己又回到了原点，真的有走投无路、被逼无奈的感觉。

生活似乎从来不曾留一点情面给中年人，但中年人又怎么会任凭生活蹂躏？再难的现在，也比不过当初北漂的苦。不管如何，现在至少还有选择，我们只不过是希望选择更好的那一条路。

更何况，生活在哪里都需要拼尽全力。即便是选择回老家，面临的挑战也不小，但只要你努力生活，就会被生活善待。

在网上看到一个故事，说的是一个在小区里做裁缝的女士，丈夫在附近空调售后工作，有两个儿子。他们在北京漂了十几年，虽然在这儿挣的比老家多,但他们还是决定带孩子回老家。他们已经在湖南长沙买了房子,那里的教学质量比县城好。

这本是很大众的剧情,但不同的是,这位女士利用做裁缝的业余时间,成功考下了会计资格证。她说做裁缝十几年了,想回去换个工作。

一个平凡的北漂打工族,一个普通的中年女人,两个孩子的妈妈,在一边照顾家庭、孩子,一边工作的同时,还能考下难考的会计资格证,不能不说她很强大。

对任何一个努力生活的中年人来说,抚养孩子已经不仅仅是吃饱穿暖的问题,还要考虑孩子的教育问题。只要我们尽心尽力,不抱怨,不放弃,就是给孩子最好的教育。

当你步入中年,有了孩子,开始迷茫未来的路在哪里,是继续留在原地,还是退一步海阔天空?这要考虑四个因素:

教育资源

虽然因为户籍原因,暂时不能在当地参加高考,但至少可以享受当地的教育资源。毕竟,老家小县城的教育水平与资源和大城市是无法相比的。未来的竞争不仅是学习成绩的竞争,还是全面素质的竞争。

如果不仅仅是为了让孩子参加高考,而是为了更好地培养孩子,那就尽量多在大城市读几年书。平时多带孩子去博物馆等地转转,这是在老家享受不到的宝贵资源。虽然最后可能抗不过要返回原籍参加高考,但相信在这里受的教育会让孩子受益终生。

想要的生活

曾经有一对北京名牌大学博士毕业的夫妇,选择带 6 岁的女儿回到二线城市。他们有北京户口,有发展前景非常好的工作。但是,北京的房价让他们不得不思虑再三,最终选择了二线城市。

他们回到二线城市的大学做了老师,购置了一套小三居。搬新家的时候,6 岁的女儿最兴奋。她说,这个洗手间真漂亮啊。以前在北京,她不敢一个人去洗手间,因为没有窗户,白天也需要开灯,她个子小够不着开关。

生活就在每一天的日子里延续,问问自己想要什么样的生活。那么多人挤破脑袋往北京扎,一定有道理,但也有人喜欢小城市的安定生活。选择没有对错,标准在于你内心向往什么。

经济原因

这个是不得不面对的现实,身边经济能力强的人,根本不需要选择,他们的孩子都在国际学校读书,以后选择出国。如果经济能力允许,谁不想让孩子享受更优质的教育资源?但也不必打肿脸充胖子,否则经济压力的焦虑势必会传导给孩子,那就适得其反了。养孩子,贵在量力而行。

了解落户条件

以北京为例,北京户口对一些人来说也不是不能解决的。例如,你有学历,如果能找到一家有留京指标的工作单位,如国家部委下属单位、国企和大型高新技术企业等,就有希望获得北京户口。也可以通过考公务员来解决,从 2006 年开始,中央国家机关公务员招考首次不设户籍限制,如果你考上了,你的孩子自然就可以转成北京户口。此外,还有人才引进、结婚、投靠亲属等落户途径。

有时候,生活没有最优选择,只有最适合自己的选择。从自身的实际情况出发,留下抑或回去,就不再难以抉择。

5. 单身危机:30 多岁还没对象

在大城市,30 多岁还没对象没结婚的人一抓一大把。

32 岁的苗苗,单身,在一家公司担任留学顾问,收入不菲,有房有车。工作之余,想去旅行说走就走。父母退休,领着很高的退休金,身体健康,暂时不需要她操心。

这是多少人羡慕的人生,但她却对自己的闺蜜说:“我中年危机了。”她说自己已经 32 岁了,她并非独身主义,但一直没有遇到合适的结婚对象。如果再拖下去,不仅爸妈要急疯了,她也担心自己以后连孩子都生不了。

相亲网站珍爱网有数据显示,“80 后”用户占比为 36%,“70 后”为 15%,“90 后”占比达 43%。可见,“90 后”已经是相亲队伍中的主力军。掐指一算,今年最大的 90 后已经 31 岁了。

30 多岁不结婚本来不是什么事,但如果你深受逼婚之苦,且又不是坚定的不婚主义者,更不想凑合和将就,那还是要尽早积极行动去“脱单”。不要一味相信缘分是等来的,也许能等来,但缘分更多靠制造。

拓展交际圈,别说自己没时间

30 多岁还没对象,很大一个原因是工作太忙,少有机会去接触异性。好不容易周末休息,只想在家躺尸,完全没有出去认识新朋友的欲望和动力。

工作赚钱很重要,但这跟你找对象也并不冲突。再忙,吃饭的时间总是有的,约个会也不至于会影响你的工作业绩。

接受多元化的脱单方式

一说到找对象,我们脑子里冒出来就是那种传统的相亲,媒婆介绍,找个地方见面,同时接受好几双眼睛的“洗礼”;再或者是大型的相亲大会,接受更多人的“审视”,从身高到年龄,到工作,再到一个月赚多少钱,被仔细盘问,要多尴尬有多尴尬。

其实,互联网时代,单身男女脱单的方式也越来越多元化了。除了传统的相亲模式,线上即时聊天、短视频、直播,也开始受到单身男女的喜爱。比如,在相亲网站上,很多人都选择了即时聊天、短视频相亲交友,或者直播相亲,不仅节省了时间,你不用从一个城市的最南边跑去最北边去见相亲对象,同时也避免了一些尴尬情况的发生。

不断提升自己,优秀才能吸引优秀

相信有很多人都希望通过婚姻二次改命,比如通过结婚变身有房一族,或者拿到大城市的户口,再或者是获得另一个家族的各种支持等。

但有一点你要清楚,能改变你命运的不是婚姻,而是你的优秀。只有你足够优秀,才能吸引到更优秀的对象。

那些拥有美好爱情让你羡慕嫉妒恨的人,不是他们运气好,也不是他们终于等来了,或者找到了所谓对的人,而是他们足够优秀。

你可以学点化妆技巧提升颜值,也可以通过阅读升级认知,或者充电提高自己的职场竞争力。总之,你若盛开,清风自来。

记住,想要快速脱单,就必须要投入一定的时间、精力,同时也少不了一些金钱支出。看个电影,吃个饭,总是要付费的。

柏拉图说:“我们本来是合二为一的,直到上帝把人一劈为二。于是我们穷尽一生去寻找另一半自己。”这个过程也许很漫长,但只要开始了,就有希望。

6. 有一种焦虑叫“30 不立”

中国一直就有“30 而立”的说法,到了今天,网上又流传着“毕业五年决定一生”的言论。这些都在提醒我们,人的一生会在 30 岁的时候定型,30 岁的时候如果还没稳定下来,就成了人们眼中的失败者。正是这种世俗的观点让我们越来越着急,我们急着工作,急着赚钱,急着结婚生子,也急着成功,而越着急就越焦虑。

下面是一位 30 岁房产销售在博客发表的自白书。

大学毕业后做过程序员、软件开发、网站编辑,现就职于一家中介公司做销售。今年房地产市场低迷,公司效益不好,半死不活,随时都有倒闭的风险,我想自己创业干其他的,但又不知道自己能干什么,当然了,最关键的是手头没什么钱。不过就算我能借到钱,创业就一定能成功吗?我已经不是年轻小伙了。

这两年身边的朋友一个个结婚、买房、生孩子。而我呢?没房没车,也没女朋友,光棍一条。按照中国的传统,到现在还不结婚,就是大问题。父母也很替我着急,一遍一遍地催我赶紧结婚,可我每次都说自己很忙没时间谈恋爱。其实也不是没时间,是不敢。一想到以后要买房,要养小孩,我就犯难。

就在昨天,老父亲生病了,母亲劝我回老家找工作,我真怕回去待不住。我的出路究竟在哪里?未来又在哪里?我不断地问,不断地思考。我想起了马云的一句话:"今天很残酷,明天更残酷,后天很美好,但绝大多数人死在了明天晚上,看不到后天的太阳。"我怕自己就是要死在今天晚上的人。

对于大多数普通人而言,所谓"30而立"这条路走得并不顺畅,甚至可以说从大学毕业到30岁的这段时光是人这一辈子最艰苦的阶段。

那么,如何去应对"30不立"的焦虑?

重新认识"30而立"中的年龄问题

埃里克森是享誉全球的发展心理学家,他曾在20世纪50年代提出了著名的"人生发展八阶段理论"。该理论认为,人生的每个阶段都有特定的发展议题,每个议题的发展结果都是同一直线的两个不同端点。

人在青少年时期的发展议题是"自我同一性——角色混乱"。

个体要发展的是自我同一性，也就是哲学上说的“我是谁？我从哪里来？我要到哪里去？”这个议题具体展现出来就是，我们经常会为自己的未来而感到迷茫。这个阶段如果发展得好，个体就会形成自我同一性；如果发展得不好，则会陷入同一混乱性。

下一个人生阶段是成年阶段，这个时期的发展议题是“亲密——孤独”。我们要在这个阶段解决掉自己的爱情问题，建立起一种以婚姻关系为核心的亲密关系，并将家人、朋友、伴侣、同事都纳入这个体系中。如果我们没能做到这一点，我们将会陷入孤独的境地。

埃里克森关于人生发展议题的论述告诉我们，所谓的“30 而立”就是要在 30 岁的上下，建立起一个以婚姻关系为核心的亲密关系体系，这个体系中还包含着我们对自己人生发展轨迹的把握。

时至今日，这样的论断已经不再适用。

随着技术的不断发展和社会结构的不断变化，我们发现，大多数人在 20 多岁的时候还没弄明白自己是谁，未来将要做什么，要到哪里去，到 30 岁的时候也没有建立起一个完整的亲密关系体系，这已经成了很普遍的现象。这就导致现在人在 30 岁左右的时候要同时面对“自我同一性——角色混乱”和“亲密——孤独”这两个议题。

所以，现在大多数人的 30 岁不仅“不立”，反倒充满了挑战、危机与种种不确定。

其实，年近 30 的我们不用过度地担心自己会孤独终老、穷苦一生，更没有必要因此而焦虑。我们应该把握住这个时期，加强对人生和生命的思考与探讨，用实际行动去争取一个更加健康的未来。

诗人歌手李健就曾说过:“我觉得男人30而立这个说法是不对的;现在社会,男人40能立就不错了,嗯,是这样的。”

其实,单就从“30而立”这句话本身出发,我们大多数人也都存在着误解。通过钱穆先生的《论语新解》和杨伯峻先生的《论语译注》可以得知,孔子所谓的“30而立”仅仅指做学问:30岁的时候,学者要架构出自己的知识体系,不再盲从,不再被其他学说动摇。我们所理解的“30而立”都是后人“自由发挥”的结果。

耐心等待自己的成长

无论你是否接受,都不得不承认,人和人之间是有差距的,无论是天赋还是运气。

有人年少成名,也有人大器晚成。

林肯,51岁时当选总统;塞万提斯·萨维德拉,68岁写完《堂吉诃德》;苏洵,53岁时声名鹊起。巴尔扎克说过,人类所有的力量,只是耐心加上时间的混合。

我们要做的是保持平衡的心态,不要着急,要有足够的耐心等待。我们应该在承受足够的心理压力之下保持一种向前冲的姿态。30不立并不代表着40不立、50不立!

如今这个时代,没有多少人能做到30岁就敲定终身,30岁只是变化的开始。所以,请30岁的你不要再为“不立”而焦虑,要相信“不立”未必就是坏事,也许“不立”正在给你的人生准备一个大大的惊喜。

7. 最怕辛苦十几年，一夜回到解放前

电影《我不是药神》里，有一幕让人动容：一个得了白血病的老妇人说，“我得了病，吃了三年药，房子吃没了，家也吃垮了”。

所以，中年人最怕生病，一是病不起，二是没时间生病。一个上有老下有小的中年人如果倒下，住进ICU（重症监护室），那么，辛苦十几年打拼下的一切有可能会化为泡影，一夜回到解放前。

让你一夜回到解放前的除了生病，还有赌博、理财不当、创业失败、被骗等。

有新闻报道，一位中年男子，被理财宣传洗脑，结果投资被骗，欲跳楼轻生。还有曾经轰动全国的“宗庆后刺杀案”，真相是肇事者49岁，因炒股血本无归，多次创业失败，所以用一把水果刀上演了一场“刺杀”首富的戏码，目的只为求一份工作。

炒股失败、理财被骗，多数是因为这些人没有什么理财知识，对金钱的渴望又过于强烈，贪恋某些理财宣传上说的巨额回报，进而上当受骗。

还有一些中年人因为不得志或者其他原因而迷上赌博，结果欠下赌债，把自己折腾得倾家荡产，不得不卖了房子还赌债。

人生很多时候，都是一步走错就可能导致万劫不复。尤其是到了中年，如果经济上一下子从小康回到负债累累的赤贫境地，翻盘的机会会变得更加渺茫。正因如此，才有一些中年人宁可选择跳楼，也不想面对人生的巨变。

但很多事情并不是命中注定的，而是可以未雨绸缪去预防的。

不做一夜暴富的梦

股票、证券等金融市场和彩票等都散发着一夜暴富的诱惑,越来越多的人"急"字在手,不经认真思考和准备,就匆忙上马,急躁冒进,想一蹴而就,结果事与愿违。

比如,一些有了一定积蓄的中年人,很容易被人打起共同发财的主意。如果你经不住别人画的大饼的诱惑,压上身家性命去拼一把实现财务自由的梦,往往很大概率会把自己的全部积蓄都败光。

天底下真的没有免费的午餐,更没有一夜暴富的事情。有人一夜暴富,那是因为之前做了大量的铺垫和付出。比如,别人研究股票十几年,所以赚了几十上百万。而你连股票 K 线图都看不懂,凭什么认为买了就能赚?

不入不懂的行业

这个世界上,时时刻刻都会有热门生意冒出来,纵然"在风口的猪也能飞起来"有一定道理,但也有很大可能被风卷走。而且到了中年,很多人厌倦了自己做了十几年的行业,一颗蠢蠢欲动的心,总想尝试一把新鲜,梦想在一个新的热门领域里大获全胜,赚得大把钞票。

这种思维对中年人来说绝对是一个误区。每个行业都有其自身独特的规则和规律,我们常把这个规则或规律称为"门槛"。所谓隔行如隔山,而想要跨过这个"门槛"并没有我们想象中那样容易。

所以,人到中年,要跟上时代,要抓机遇,但也要谨慎去碰触那些热门领域。比如,你看李佳琦直播卖口红,月收入高达七位数,但如果你去做，可能直播一天，卖货为零。抖音火爆的千亿级市场，可能和你一毛钱的关系也没有。

凡是你已经看到的、听说的、别人已经成功的，在互联网时代，你这种后知后觉的跟风行为已经没有太大机会了。所以，不要盲目飞蛾扑火，守好自己的一亩三分地，努力耕耘，定有收获。

购买重疾险

如果没有足够多的积蓄，一场大病，就得靠卖房卖车来维系治疗。不要等火烧眉毛了再去筹备，聪明的中年人会提前做好风险控制。重疾险最好的购买时间，除了刚出生，就是现在。额度不要太小，至少30万—50万。

中年的危机有时候是自己作出来的，少一点贪婪和浮躁，多一点理性和踏实，才能绕开一些陷阱，平稳向前。

第二章 百万年薪一夜被裁，背着房贷车贷怎么逆袭？

1. 奋战 15 年被裁 10 分钟，人到中年最怕失业

晚上 11 点多，王志国从办公室出来，怀里抱着一个大箱子。那天限行，手机又快没电了，这时候很难打到回家的出租车，王志国只好沿着街道往前走，神情落寞，心事重重。在过去的一年里，公司接到的项目屈指可数，办公室里人人自危，都开始掰着手指头找活干。管理层为了安抚人心，再三保证不会裁员。

就在今天上班的时候，王志国看到一位同事抽泣着走出办公室，上前询问才得知她被裁了。所有同事都在座位上默默待着，每十分钟电话铃声就响一次，有人在电话中哭着恳求领导别裁自己，领导说这是公司的决定，他也没有办法。

苦苦等待一天，直到晚上，终于，王志国面前的电话响了起来，从接到通知到签字，再到收拾东西离开，只花了 10 分钟。他和大

多数被裁的同事一样,把生命里最好的十几年时光留在了这里,人人心有怨气却又无可奈何,最担心的事情是离开了这里工作不好找。

有一种更为惊悚的说法为:职场上的中年人就像坐在一条摇摇晃晃的船里,不知道什么时候就会被抛下海去。裁掉“高龄员工”的情况在外国也很常见,在今天的硅谷,苹果雇员平均年龄31岁,谷歌和特斯拉雇员平均年龄30岁,Facebook(脸谱书网)雇员平均年龄只有29岁,英特尔的一项裁员计划中,超过八成的人年龄在40岁以上……

以前50岁退休,过了30岁就算中年,现在60岁退休,35岁以后就算中年,40岁是正式的中年人。步入中年,最大的问题是生活压力,越不想失业,可能恰好那个失业的人就是你,中年失业者去应聘常常会吃闭门羹,再者,与刚毕业的大学生拿同样的工资,做同样的事情,有几个前辈的“面子”挂得住?可是,没有工作收入,家庭支出负担、房贷、车贷、孩子的补习费等谁来出?

这个时代里,新技术不断出现,工作经验价值不断降低,中年人没有多少优势,为了不被中途下车,他们不敢懒、不敢病、不敢赌、不敢输。

日剧《大叔的爱》中,有一句刷爆朋友圈的台词:“不要大声责骂年轻人,他们会立刻辞职的,但你可以往死里骂那些中年人,尤其是有车有房有娃的那些。”很多忍气吞声的中年人看到这句话大呼太扎心,感叹他们以前一言不合就辞职的那股劲,到如今变成了忍辱负重和战战兢兢。

中年人是背负着很多,但这也并不意味着为了房贷、车贷、孩子的奶粉钱、孩子的教育费、逢年过节的人情费、朋友来往的交际费……只能放弃反抗,一“怂”到底。危机总有解决之道,与其坐以待毙,不如困兽犹斗。

即使是人到中年,只要找准方向,提升能力,依然可以绝处逢生。

职业发展稳定期,精进优势区

职场发展顺风顺水的时候,一味安于现状、不思进取的中年人,迟早会遭受现实的教训。要知道,没有一家公司能永远屹立不倒,没有一份工作能永远做下去。而且,单一技能型人才的升迁速度往往比不上那些多项优势共同发展的复合型人才。在职场上拥有一席之地的时候,你应该在持续精进优势区能力的同时,努力磨炼自己的第二专长。这样,纵然未来个人发展有所变故,你也能迅速地扭转自己的职场方向,有条不紊地度过危机。

职业发展停滞期,专注发展擅长的能力

工作久了,很多人会感到迷茫:“怎么才能进步呢?”“我好像没有一技之长,如果失去现在这份工作,我还能做什么?”当你觉得事业停滞,总在重复做着同一件事情的时候,不妨审视自身,努力磨炼感兴趣而又十分擅长的能力。这会为你的职业发展带来更多的契机。

职业生涯危机期,专注发展熟练掌握但不喜欢的能力

职业发展遭遇危机的时候,你可能需要挖掘自己熟练掌握但不喜欢的能力,以帮助自己度过危机。

人到中年,要了解自己的优势能力在哪里,并且将宝贵的时间和精力投入进去,以远离可能到来的职场危机。

人到中年失业是一件很正常的事情,就像从高速公路下来走国道的旧车,带着一家老小,不走不行,不要总想着重返高速,只要不停下来安全抵达目的地就是胜利。中年失业考验的是心态,心态好可以化悲痛为力量,后半生会发展得更好;如果就此一蹶不振,觉得全世界都亏欠你,那人生就真的没什么指望了。

2. 能力和欲望的不匹配,是引发中年危机的罪魁祸首

"中年危机"现象蔓延的主要原因是对美好生活的向往和现实生活的对比冲击。在一些企业中,员工从 30 岁就开始产生心理恐慌,因为他们明白,如果到了 40 岁还没有进入管理层,将会面临裁员的危险,公司会用低薪高能的年轻人来代替他们。想要给刚出生的孩子一个稳定美好的未来生活,想要买一套大大的房屋,最后发现"心有余而工资不足"。

赵磊 35 岁生日的时候,跟两个老友相约吃饭,抱怨老板又提拔了一波新人,而自己什么都没捞到。两个程序员朋友听了以后,也是愁眉苦脸,赵磊本以为程序员只管做好工作就能拿到高薪,没想到竟然也会遭遇中年危机。

"人到中年,除了个别行业,80% 行业都要面对中年危机。上次我参加一次深造考试,旁边有个人提醒我说:你考这个用处也不

大啊,跟年轻人比,你有什么优势呢?”朋友说道。

“在程序员工作中,像我们这个年龄的,都是高危人群,首先身体各方面指标下降,不如年轻人能熬夜,不如年轻人能拼命,产出效率慢,公司怎么可能情愿为你发高薪资呢?指不定哪天就被裁掉了。加上这几年准备换新房、新车,压力山大啊。”另一个朋友也哀怨道。

中年人跟年轻人相比完全不是一个等级,掌握的技术却差不多,上有老下有小的中年人很容易受到家庭羁绊,每一个家庭问题都牵扯着中年人的精力,对公司来说,老员工工资高、干活少,没有冲劲,性价比不高,老板会做出什么选择,结果一目了然。

有一位步入中年危机的网友戏称:“每天最惬意的时刻,就是回家上楼前,独自在车里坐上10分钟。”为什么开车回家时,到楼下不下车,还要在车里坐好久?对于大多数中年人来说,孩子、父母、工作、健康样样都要操心,因为所有人都在依靠他,所有的困难都得自己来扛,他却无所依靠。

一直以来,中年人就像在爬一个永无尽头的斜坡,眼前尽是遥不可及的地平线。突然之间好像爬到了顶峰,眼前所见的却是一条长长的下坡路。年轻人往往高估以后,而中年人往往低估以后,容易把现实看得太悲惨。

现实的困境,内心的落差,没有哪一天是轻松的。在焦虑中,我们可以不会飞,但不能不前行。越是处于危机四伏的年龄段中,越要埋头赶路,解决中年危机只有靠自己。

看到自身局限性,弥补改善

孙嘉诚36岁时失业,他当时上有老下有小,非常需要一份工作来维持生计,接连被几家大企业拒绝之后,他被迫进入了一家小公司,做最基础的员工。他不嫌弃挣得少、工作累。他身边全是刚毕业的大学生。他本想凭借工作经验碾压这群年轻人,但是仅仅半年,这群大学生已经掌握了整个流程,而且比他做得更好,即使在小公司,他这个年纪的人也已经不受待见了。

为了自我提升,孙嘉诚先从健康着手,每天下班后都要到小公园锻炼。此外,他深知目前的岗位只要掌握当前的些许经验即可,但是想要脱颖而出,必须开拓新的认知。私下里,他开始研究一些其他岗位的工作内容,总结出一套可行的创新经验。在某次技术比拼大赛中,他的表现很亮眼,一举升职。孙嘉诚没有因此而满足,仍在不断突破自己,为公司创造了不小的收益。

大多数中年人不像医生、老师一样,有足够硬核的终身技能。如何弥补改善自身局限性?更容易的应对办法是放下欲望,或者放下身段。放下欲望说起来简单,做起来却最难,相比之下,放下身段,面对自己的无能感和局限性较为简单。

打开努力的正确方式

俗话说:“一分耕耘,一分收获。”大多数人都相信只要自己肯努力、肯付出,那么就一定有回报、有收获。其实不然,这个世界上,有很多人付出了时间和精力,最后筋疲力尽却一无所获。所以,不要盲目地去努力,要把力量花在实处,花在有价值的地方,这样才能收到事半功倍的效果。

经常停下来思考:我在工作中做了哪些无用功?我是不是整日纠缠于琐事,而忽略了重要的事?我的近期目标和长远目标分别是什么?我的加班有没有表演成分?我为公司创造了多少价值?有没有更高效的工作方法?总之,学会思考和反省,努力才能事半功倍。

在激烈的竞争中,在合适的领域里,不断学习,保持旺盛的斗志,保持学习的主动性,这无关年龄,无关挫折和瓶颈。只有能力配得上你的野心时,心中才会多一分怡然,少一分危机,不再害怕走向平庸,不再害怕人生将成定局。

3. 人到中年,被比自己年轻的人领导

最近公司各部门提拔了不少年轻人,主管级别竟有 30% 是“90 后”。面对这种情况,有的老员工开始发牢骚:“小毛孩子有什么资格领导我们?大家团结起来,给这新来的小丫头一个下马威。本来升职的应该是我,怎么空降一个年轻人呢?”

几年前,职场中年人还在批评“90 后”太有个性,注定是要垮掉的一代人。几年后,“90 后”即将全面接管职场,而中年职业者则被逼到墙角,即将成为被抛弃的一群人。这种遭遇让大多数中年职业者时刻处于恐慌中,他们每天都在担心明天就会被“90 后”领导或干掉。

李子文,39 岁,原本是公司中层管理人员,最近刚刚因抵制直接领导而被迫离职。李子文在这家公司工作了十几年,每天工作都很认真,业绩也不错,可从去年开始,因为晋升问题开始闹情绪。

按照正常的晋升机制，李子文作为公司的元老级人物，无论是威望还是工作经验，都是经理的最佳人选，可最后，一个被挖来的新人取代了他，最让他生气的是，这个新来的经理仅仅只有27岁。新领导上任后，大刀阔斧进行整顿革新，公司面貌焕然一新，公司员工无不称赞这个年轻人——会办事，能力强。

但是李子文深感升迁之路是被这小子给破坏的，为了“报复”，他拉拢其他员工组成“小团体”抵制新领导；新领导对工作提出的改进意见，李子文经常不执行，甚至在开会的时候毫不掩饰地表现出对年轻领导的不服。

后来，公司老板发现李子文和新晋升的年轻领导分歧严重，处处针对年轻领导，实在看不下去，直接要求HR（人力资源管理）对李子文进行劝退。

职场上，每个人的关注点不同，认知结果不同。李子文关注点是做好工作，升职加薪；公司老板的关注点在于新鲜的血液和管理模式。李子文最大的错误在于不该和领导叫板。对于公司老板而言，公司是创造价值利益的地方，不是新老员工之间的斗牛场，一旦员工与新任领导发生争执，即使是有资历的老员工，老板也会本着“保上不保下”的原则来进行处理。

当我们作为老员工，认为新来的年轻领导没有多少工作经验，不能服众时，很可能是我们没看到对方的工作给公司带来的巨大效益，否则，老板为什么会派一个没资历、没威望、年龄小、不足以服众的“毛头小子”来担任高层领导呢？老板不会平白无故拿自己的钱养闲人。

放下心理包袱,抛开年龄看能力

当公司高薪招聘一位年轻高管,而不是内部晋升时,对于这样一位空降“领导”,公司大多数员工都会保持观望态度,有人想看看这位“领导”到底有几把“刷子”,还有人等着看“领导”出丑……

郑文杰所在部门人均年龄35岁以上,而最近刚上任一位30岁不到的年轻领导,因为之前的老领导对大家都很好,对于这个新的年轻领导,几乎所有人都心怀不满。“肯定是他跟公司高层有关系。”“就是因为他来了,把那谁挤走了。”“年龄还没有我们大,以后工作中怎么称呼,怎么面对呢?”

对于这个新来的年轻领导,郑文杰却没有表露出任何不满,公司决定让这个年轻人任职,肯定是经过考量的。果然,在一次部门危机中,所有经验丰富的“前辈”竟然都不知所措,倒是这个新上任的年轻人展现出了异于常人的冷静和理智,有条不紊地指挥大家进行危机公关,成功化解了危机,整个部门没有不服气的。从那以后,每次在会议上听到年轻领导批评自己,虽然大家都会感觉有些没面子,但是他们再也不会倚老卖老,刻意为难这位年轻领导。

很多职场中年人常以“前辈”自居,职位不高,面子不小,尤其对于年龄比自己小的上司,更是倚老卖老。一方面他们觉得自己屈居于“小孩”之下,实在没面子;另一方面他们觉得这个年轻人是他们晋升路上的绊脚石。就是这种羡慕、不甘的危机感,导致了老员工与年轻上司之间的不和谐。

作为公司的老员工,资历深,威望高,更应该懂得在工作中关注的重点是工作本身，而不是人。被比自己年轻、比自己能力强的人领导，表面上看有点伤面子，实际上这更是一种激励。不管年龄多大，经历多么丰富，还是会在某些方面无知，比如新时代的管理制度、员工关系维护、员工心理健康等。作为职场老前辈，更应该懂得学习你不知道的东西，而不是计较年龄大小，给别人为难，给自己危机。

当面对年龄比你小，但职位比你高的人时，放下心理包袱，不要有所顾忌，不要太过纠结，抛开年龄，将关注点放在他的能力上。只有这样，我们才可以坦诚去面对，才能真正打开心扉，这对日后的工作成长十分有帮助，更有助于化解中年职场危机。

4. 当你开始混日子，危机距离你就不远了

职场中有很多这样的人：他们的年龄大都在40岁上下，既没有走上管理岗，也没有成为行业专家，每天都在重复简单的工作，间歇性踌躇满志，持续性混吃等死，每天的业绩只能以喝了多少杯茶水来计算……

仔细看来，他们也不经常加班，工作好像并不重要，有时候想想未来，房子、车子、婚姻、养老、育儿……虽然生理年龄刚步入中年，可心理早就老态龙钟，给领导做完日常汇报的闲暇时刻，他们偷偷对自己说："反正我就是个打工的，我也不奢望多高的工资，我就要这样安安稳稳混下去。"

无论什么公司，总会有一些混日子的人，他们上班装出一副很

忙又认真的姿态,然后在闲聊、打游戏、看股票中度过一天。这些企业“混子”有一个共同特点:不求上进,不思进取,总是能看到身边的人和自己差不多,感觉大家都在混。

如果看到大家都和自己差不多,说明自己是人人都可以替代的员工,在公司混日子,最终伤害的是自己。

陈斯是一位入职多年的员工,在跟随公司从小到大发展的同时,他也早已被岁月打磨成了职场中的“老混子”“老油条”。每天在座位上喝茶刷微博;下班准时走人,不管工作有没有完成;把老板交代的工作做得一团糟,个人能力越来越不符合公司发展要求;作为老员工,一直抱怨公司将最苦、最难、最烦琐的任务给了自己……

陈斯一直很享受这样的“好日子”,拿着不低的薪资,每天根本不用做什么事情,随随便便“指点”一下新人就行,这种职场生活实在太惬意了。

就在他以为可以“一劳永逸”的时候,公司为了抓员工工作效率,制定了一系列严格措施。老板在会议上多次表示:“没有公司愿意养闲人,你不愿意做的工作,后面多的是人等着替代你,希望大家不要忙的忙死,闲的闲死。”陈斯把老板的话当成了耳旁风,依然和往常一样“混日子”,不久之后,他因为懈怠工作而犯了错误,被公司辞退了。

随着年龄增长,职场人的困境和危机感都在加剧,但有些老员工自认为年龄也是一种优势,始终抱着“公司不倒我不倒,一直待着混日子,不求晋升不求钱,安安心心耗到老”的心态。

一个混日子的中年职员,假设你的工资是6000元,而刚毕业的大学生新人只要求3000元,他们年轻好学,完全能替代你的工作,你只是觉得老板会讲情面养着你,在这倚老卖老地耗着,最终的结局只能是被辞退。

职场最重要的能力提升也就那么几年,看似潇洒机智混了一天又一天,得过且过能混就混,领着固定薪水,实际上是职场慢性自杀。

何况,职场中年人哪里有混的资格和理由?不如趁梦想和激情尚未远离,阅历渐多颇具情怀,远离为别人打工的心态,努力提升自己。

我能多做点什么,让整件事情更圆满呢?

拥有老板思维的人恨不得将一件事情做到极致。拿组织一场会议来说,会议之前的准备工作、会议过程中需要注意的问题、会议结束后的收尾工作,每个环节他们都会进行仔细的梳理与思考,并不停地追问自己,怎样才能让这项工作更圆满无缺。

而且他们很喜欢追问自己"如果是老板,他会怎样处理"。他们从不把自己拘泥于当前的位置上,遇到任何问题,他们分析原因时永远都像"剥洋葱"一样往下多想一层,处理矛盾的时候永远都往上多想一层,具体实施的时候永远都比别人多做一步。

把公司盈利的通用法则带入工作

公司盈利的几个基本要素包括现金净流入、利润、周转率、资产收益率和业务增长率。具有老板思维的人不会将这些拗口的术语看作专业书籍上死板的知识,而会代入实际工作中加以运用。

他们平时会努力弄懂公司的运作模式,然后在制作每一份方案或者年报的时候,都会考虑到销售收入、利润率、总存货、资产量和现金量等问题,并逐一用数据去显示。这使得他们设计出来的方案等一般都具有实操性,而不是泛泛之谈。

主动汇报工作

有的职场人不喜欢主动汇报工作,觉得麻烦、耗费时间。殊不知职场工作向来是环环相扣的。具有老板思维的人一般会从全局出发思考问题,他们每隔一段时间就会主动汇报自己的工作进度和具体情况,以供上司参考。

如果在一家老公司,请不要混日子,以免被裁;如果在一家成长型公司,请不要混日子,因为成长型公司里的员工始终需要不断学习。

职场新人和职场老油条代表两种工作态度,与工作时间没有联系。有的人工作了十几年,依然兢兢业业干劲十足;有的人工作一两年,便得过且过四处混日子。职场生活如何,全在你的选择。

5. 不以经验自居,保持对新鲜事物的敏感度

经常听中年人吐槽,这个世界变化太快,以前的银行每次去都是排了很长的队伍,现在只有碰到手机 APP(应用程序)办不了的业务才会想起银行;以前觉得发明笔记本电脑的人简直是个天才,满足了随时随地办公的需求,现在手机办公软件也已经日渐成熟

了；以前觉得4G（第四代移动通信技术）网络已经是网速的终结者，可是现在又要进入5G（第五代移动通信技术）时代了……社会发展速度太快，以至于自己的脚步都快跟不上时代了。

企业里的中年人在资历、阅历、资源方面远胜于年轻人，但稳定的现状也很容易让他们过早放弃进取心，在对于新鲜事物的敏感度上，远不如年轻人。

小米科技创始人雷军说过："站在风口，猪都会上天，只有新鲜事物才有红利风口。"我们只有时刻保持对新鲜事物的敏感度，才能保证自己不被淘汰。

鹏宇今年36岁，在一家大型互联网公司任职。前段时间他听说很多互联网公司都开始大规模裁撤年满35周岁的基础员工，暗自庆幸自己已经顺利进入管理层，但没事的时候，他也会想："自己会不会成为第二批被裁掉的呢？"

他这样想是有根据的，公司里的"90后"已经开始崭露头角，公司会议上，提出新点子、好点子的十有八九是"90后"，自己偶尔提出一点建议，还会被年轻人嗤之以鼻"别人早不玩了"。并且，他的老板也是一副大力支持年轻人的姿态，这让他忧心忡忡。

最近一段时间，每次高管开会，老板都会语重心长地对他们这些老人说："要赶紧去接触新事物，多学习充实自己，警惕被年轻人甩在后面！"鹏宇认为这是在警告他跟不上脚步就会被淘汰，他变得越来越焦虑……

很多企业在招聘普通岗位的时候，直接写出年龄限制在35岁以下，有人会说："我有十几年工作经验，找工作很容易。"你的工作经验真的“值钱”吗?那为何十几年还停留在基础岗上?你不是积攒了十几年经验,而是一个经验用了十几年。

中年职场人有自己的优势和劣势,如果不努力提升,固守仅有的经验之谈,呈现给企业的就是绝对劣势。如果能坚持奋斗,自律性成长,中年也不全是危机,还有机会。

伊贝拉在《能力陷阱》一书中讲述了自己的亲身经历。

她刚到哈佛大学讲课的时候,常常陷入真实的陷阱当中,她觉得学习知识是一件非常严肃的事情,所以讲课的方式非常传统,总是干巴巴地输出一些知识点。

但是哈佛的MBA(工商管理硕士)高才生对伊贝拉的授课方式表示不认同,觉得她讲课枯燥又无聊,所以在教师评分的时候给了她最低评分。伊贝拉很受打击!为此,她专门跑去观摩那些非常受欢迎的教授是如何上课的。

在她的感受中,那些教授不像是在上课,更像是在搞综艺节目,课堂上的所有人都像脱口秀演员,整个课程充满了游戏、互动,大家乐此不疲。伊贝拉很鄙视这种教学方式,象牙塔怎么能变成游乐场呢?她还是决定按照严谨的教学风格上课,结果评分继续下滑。

后来,她终于决定改变,在课堂上增加了很多互动环节,偶尔穿插一些搞笑段子来增加趣味性。她还频频走下讲台,到学生座位中间跟他们近距离交流,课堂效果因此变得非常好,学生对她的评价也彻底改变了。

人总是喜欢窝在自己已有的能力里不愿意出来,这是大部分中年人的心态。但残酷的优胜劣汰规则一直存在,如果我们不提升自己的能力值,稳定环境将不复存在。

中年危机意味着“对这个世界的无力感,以及对老去的感知与恐惧”。未来经济环境、行业及职场的变化速度,只会愈来愈快,中老龄失业问题已是不可忽视的问题。

那么,如何才能避免失业降临到自己身上呢?

掌握核心竞争力

在这个信息爆炸的时代,中年人群想要走在行业的前面,想要完成从中层管理者转型为高层管理者的角色定位,就必须要有不可替代的竞争力。只有掌握了这个能力,你才能在企业中站定自己的位置,并屹立不倒。

所谓核心竞争力,可以是你拥有的大量人脉,也可以是你有别人没有的技术或专利。这些都能帮助你在职场中与其他人区分开来,树立优势。

时刻为自己充电

在职场中,首先要做好自己的本职工作,这是家庭收入的主要来源。除此之外,还要利用业余时间培养一些必要的技能,这样,即使遭遇失业,你还有一技之长。特别是当人工智能时代到来之时,拥有多项技能才能减少被时代淘汰的可能性。

一个中年职场人提高安全感的最好方式就是保持开放的心态,永远对新鲜事物拥有激情。只有主动拥抱变化,才能化解中年职场危机;面对裁员,才能拥有随时离开的底气。

6. 渴望稳定,就拼尽全力向管理层发展

对于上有老下有小,生活压力较大的职场中年人来说,他们最渴望的是在职场拥有相对稳定的工作。一旦经历变动被裁,会面临想象不到的窘迫,可能孩子接下来的补习费没有着落,可能会被邻居朋友看不起,更难过的是自己心里那道坎儿。

一般来说,公司裁员往往针对基层员工,基层员工的价值输出很难和领导相比,因此层次越高的管理人员,位置越稳定。即使身居管理层也可能被裁撤,但是相对于普通员工来说,风险要小得多。因此职场中年人想要稳定下来,最明智的选择就是尽最大努力提升自己各项技能属性,向管理层发展。

为了鼓励老员工晋升管理层,公司开展了管理技能培训课程,大多数人都认为这不过是普通的培训,并没有放在心上,依然过着得过且过的生活。与其他人不同,赵天逸很认真地对待这次培训课程,他的目标是晋升管理层。在他看来,这次管理培训是公司给他们这群“老人”最后的机会。

半年之后的结课考试中,赵天逸如愿拿到了第一名,不久便升任部门领导,这是他进入这家公司十年以来,第一次晋升到如此高的层次。而其他的“老员工”,正如赵天逸之前所料,他们大多数人因为专业技能不达标,不得不为新人让路,最后难逃被裁的命运。

赵天逸没有因为自己到管理层就放弃自我更新,他更加注重管理专业技能的学习,现在他专职监管公司内部人才培训,常代表

公司出国学习先进的管理经验，几乎不用再担心中年职场被裁的危机。

身在管理层更具有自主权，工作时间和项目安排更自由更灵活，不用像基层员工那样在复杂的人际关系中挣扎。管理层对风险的预知敏感度较高，一有风吹草动就可以提前跳槽，到别的单位可以做个小管理，而基层员工反而容易被蒙在鼓里，反应过来为时已晚。

虽然管理层相比于基层员工，确实稳定性更高，但是职场架构是金字塔，走到尖端的只是少数人。走向管理层的过程不是一蹴而就的，需要在之前的职业生涯中不断学习打磨自己各方面的能力。而且，一旦把冲入管理层作为目标，就一定要向管理人员看齐。

公司的销售团队因为人事调动，有一个主管职位出现了空缺，这是基层员工从业务转管理的一次绝好机会，竞争者众多，刘梅和周琴也在其中。

在这之前，周琴已经做了近十年的销售，她的销售能力一直被大家所认可，客户也对她赞不绝口，无论是阅历、能力，她都是这次主管的有力竞争者。她在给上级的自我评估报告中着重描述了自己的业务水平，称绝对可以带领销售团队再创辉煌。

刘梅是另一个销售骨干，她在给上级递交的申请资料中对自己进行了全面评估："我的业务能力虽然不算拔尖，但是我的管理能力十分出色，主管就是要让团队得到成长，把团队的业绩搞上去。相比较于服务客户的卓越能力，销售主管的管理重心更在于驱动他人。”

最终,公司对二人进行评定后,任命刘梅为新主管。

当然,每个人的职业发展道路都不同,因为每个人的优势不同,要视自身的具体情况做规划。在规划自己的职业生涯之前,不妨问问自己:

我适合做管理工作吗?

专业能力强的人,不一定适合当管理人员,因为专业能力和管理能力不一样。虽然专业能力强的人也可以胜任管理岗位,但是从长远看来,管理能力不足后患无穷。

想要晋升管理层,从一开始就要尽量朝着管理方向走,个人业务能力再强大,也无法说明你的管理能力。公司从来不缺干活的人,缺的是有管理能力和领导力的管理人员。

当然,管理层人员也需要具有足以让其他人信服的专业能力,这样才能更好地带领团队前进。

作为管理层,需要有一定的格局,能够把资源关系看透,如此才能在客户关系中总结经验,为大家指导发展方向。

向管理层发展,需要提升哪方面的能力和素质

进军管理层,需要的不仅仅是技术层面的能力,还需要其他五个方面的能力。

计划能力:把任务分配给适合的下属来执行。

指挥能力:激发下属内心的使命感和责任感,更好地去完成任务。

监控能力：跟踪和考核，确保目标达成，计划落实。

协调能力：协调组织之间、下属之间、上下级之间的矛盾和利益，确保目标一致，齐心协力完成目标。

授权能力：赋予下属一定权力，成就下属也是成就自己。

7. 问题是，你会不会被“跳出舒适区”毁掉？

大家都以为中年人是因为胆小懦弱，贪图安逸，不敢跳出舒适区，所以才没有更好的发展。事实真的是这样吗？真相是，与不敢跳出舒适区的中年人相比，那些盲目跳出舒适区的中年人更惨。

刘颖原本在一家公司做财务工作，收入一直不太高。加上做得时间长了，她早就没什么热情了，只是觉得还算稳定，就不咸不淡地维持着。

一次同学聚会上，她听从了几个同学的建议，勇敢跳出舒适区，跳槽到了一家中介公司做房地产销售。

然而，这却成了她噩梦的开始。因为房地产销售的工资是“底薪+提成”的方式，3个月下来，她一套房子也没卖出去，不说工资只有可怜的底薪，她整个人也变得越来越焦虑，完全没有一点自信，不知道该何去何从。

原本是想“跳出舒适区”，挖掘自己的潜力，没想到真的跳出来了，不但没有活出更好的自己，反而更加迷茫了。

盲目走出舒适区,结果无非就是"鸡飞蛋打",想要的没有得到,已有的也全部失去。有这种心态的中年人通常是抱着"搏一搏,单车变摩托"的赌博心理,把走出舒适区当成职场晋升的赌注。谁说走出舒适区就一定是蓝天白云而不是暴雨雷鸣?

虽然跳出舒适区才能有更多的可能性,但也不是说跳就跳的,盲目地跳比不跳更危险。

到了中年,要对自己以后的每一步都有一定的把握,不做无谓的冒险。

未雨绸缪攒实力

那些丝毫不犹豫就走出舒适区的人,他们往往在此之前早就积攒了足够的实力,走出舒适区不是赌博,而是一次成就自我的机会。

电视剧《我的前半生》中,马伊琍饰演的子君过惯了锦衣玉食的生活,一朝离婚,将她从一个阔太变回了普通人。为了争取儿子的抚养权,她必须找一份工作来证明可以养活自己和儿子,可是已经37岁的她什么都不会,没有任何工作经验。在那些鲜活、生动、光芒四射的职场女性面前,她没有任何竞争力。

她开始靠自己的能力和智慧生活,但是之前在好日子里浸泡太久,想一下子跳出舒适区太难了。遭遇一次次拒绝之后,子君终于找到了一份卖化妆品的工作,以前她从来没有正眼看过这些销售员,现在却成了他们中的一员。

子君在店里要搬货,要打扫,挨骂也要赔笑脸,最后却仍然遭到投诉被开除。之后,她又在一家高级商场找到了工作,对奢侈品牌的了解让子君在这里如鱼得水,业绩斐然。从此,那个靠人养,被人看不起的子君，活成了明丽、活泼、狡黠又灵动的职场女性。

职场正如此，踏出舒适区需要子君的勇敢和决绝，但不要像子君一开始那样，非得等到无计可施，舒适被外界打破的时候才想到突破，要未雨绸缪，敢为人先。

找到对自己最有利的位置

这是一个自我认知的过程，既然是为终身的就业能力做谋划，你就必须选择一个正确的突破口。所谓正确的突破口指的就是你有优势和兴趣所在，在此基础上，你才有可能发挥出你最大的潜能。

试着问自己："我能做得很好的事是什么？""我喜欢做的事是什么？""我未来想成为怎样的人？"比如：我能写一篇有深度的文章，我喜欢看书，未来我想从事文字类的工作。这样一来，你的定位基本就清晰了，对你最有利的位置就在文字方面。

"跳出舒适区"不如"扩张舒适区"

跳出舒适区，不是凭借一时的勇气裸辞走人，相对安全的模式是"扩张舒适区"。这个观点是马华兴老师在《思维破局》中提出来的，这种方法比直接跳出舒适区更安全，更有保障。毕竟人到中年，没有人希望把自己甩到一个完全不可控的境地。

扩张舒适区，不需要你离开，只需要你将舒适的边界适度扩大。可以把这种方法理解为一种缓冲，通俗点说就是骑驴找马。当你遇到职业瓶颈，可以考虑在垂直领域纵深拓展自己。比如，去了解相关的有交叉的领域的知识，通过阅读有关书籍或者知识付费去提升自己在这方面的能力。这种做法，能让你在不知不觉中离开舒适区,提升自己的竞争力,避免直接跳出舒适区遭遇恐慌。

我们要有跳出舒适区置之死地而后生的勇气,更要有跳出舒适区的智慧和技巧。

8. 40 岁了,还能跳槽吗?

曾有一则“40 岁 IT(信息技术)精英跳楼坠亡”的新闻,引起社会震动。

这位 IT 精英 1998 年南开大学硕士毕业,进入职场,奋斗了 20 年,从激烈竞争中脱颖而出,赶上了深圳高速发展的红利期,买房立业,妻子全职,儿女双全,过上了小康生活,实现了阶层的跨越。然而,还没等他享受自己的成果,因公司辞退引发纠纷,终因无法承受职场变故以及可能带来的生活压力,选择了结束自己的生命。

他的遭遇引发了另一个令人深思的问题:职场遭遇中年危机,在经济新形势下,各行各业正在发生史无前例的变化,那些表面上看似风光无限的精英层级,如今也面临着巨大风险,稍不注意就会被淘汰。

那么,人在 40 岁以后,还能跳槽吗?严格说,应该是还能越跳越好吗?

很多职场中年人因为各种原因想跳槽,可是真跳的时候发现自己不再有竞争力,比自己优秀的年轻人太多了,只能自我唏嘘;还有的跳槽之后发现新公司真不如之前公司好,于是无奈之下继续跳槽。

许悠在目前的领域里做了很多年，从一个普通员工做到了分管小团队的主管，但是他对自己的晋升速度并不满意，觉得自己能胜任更高职位，比如部门主任，几次申请晋升都被驳回。他因此萌生了跳槽的想法，一直在计划跳槽，但是一直没有下决心，其间有很多猎头打来电话，只是没有一个职位超过当前。

后来凭借着自己在专业领域的能力，许悠成功跳槽到一家同类型的公司，可没想到的是，承诺中的高职位仅仅是虚名，还要建立新的人际关系，加上他技能单一，需要付出巨大精力学习新技能，疲惫不堪之下，许悠只得再次离职。

突然失业，短时间内找不到下一份工作，但是他每天还要按点假装上班、下班，然后出门跑到快餐店投简历，根本不敢跟家里说跳槽失业的事情。

对于职场中年人来说，自己上有老下有小，还有各种生活支出、年龄问题和能力问题，太远了不行，没有假期不行，薪资低不行，要照顾老人，要照顾孩子，跳槽前是否花时间拓展自己的技能领域，这些无不影响着跳槽的选择性。

把握跳槽时机

跳槽本身无好坏，重要的是跳槽时机。

尽量不要在做基层员工时频繁跳槽，这意味着你不踏实。在一家公司上升停滞，发展机会减少，或许可能需要考虑“动一动”。如果在一个岗位超过 5 年没有晋升，又想着奔向高层去，那就没必要在一家公司死磕。

改变之前首先考虑，几年任职过程中具体做了多少工作、产生了多少价值和贡献，自己是在不断重复还是不断提高？个人原因还是公司原因？然后决定在这家公司继续努力试试，还是换个环境。

年近40的赵晓磊在公司打拼多年，个人能力十分优秀，可是公司内部体制逐渐僵化，大多数老员工已经处于“养老混日子”的状态。赵晓磊意识到，这样的公司只会限制自己的发展，于是准备跳槽。跳槽成功后，他快速融入新环境，很快就适应了新公司的业务、架构、文化、人际关系等。凭借出色的业务能力，他很快就晋升到了比之前更高的职位。

很多人刚入职新公司，习惯强调在上家公司的地位和成绩。实际上，到新公司的第一件事就是清空对上一家公司的情感，重新开始。

每个人都有自己的价值判断，必须要注意在没有对这家公司内部关系网络有清楚认识之前，不要过早同新同事走得太近。成功跳槽后，最好多发问，如这家公司是否存在和上一家公司一样的问题，以此检验自己是不是真的跳对了。

发挥优势，跳得更好

人到中年跳槽时面临一系列劣势和不足，但同样要看到自己多年来积累下来的优势，中年跳槽前，需要对自己的市值进行评估。

中年职场人经历十几年的职场生活，对自己所在领域肯定有了一定的知识积累，优秀的人已经把这些知识体系化，跟上了行业发展节奏。职场工作多年，也一定会积累很多的资源和人脉，整合多方资源，可以为自己发掘新的职场机会。

9. 终身学习，才能扭转命运

2019 年的一个热点新闻：美国科技巨头甲骨文开始疯狂裁员，首批裁员人数约 900 人，涉及中国各个有甲骨文研发中心的城市，北京居首，裁员超过 500 人。

其中一位被裁的中年人说，自己在甲骨文工作了十几年，因为工作稳定，下班后就是旅游、购物、看电影、睡觉，根本就没有学习过。如今被裁，才发现自己浑浑噩噩过了这么多年，从来没有通过充电学习去提高自己的职场竞争力，导致现在自己被裁后，再就业很难。

如果你过早地放弃了学习，没有扎下根基，当生活的风浪打来，你靠什么让自己屹立不倒，或者扭转命运？

“终身学习”这个已经烂大街的口号，听得我们耳朵都长茧子了，但真正能践行的人却寥寥无几。多数中年人的职业进入稳定期，就不由自主地选择了安逸那条路，下班回家只想刷手机，至于提升职场竞争力的专业书，根本看不进去。

在这个知识更新换代非常迅猛的时代，三五天内放弃学习可能还看不出什么，但持续三五个月不学习，你慢慢就会和别人产生差距；三五年不学习，你恐怕已经到了被淘汰的边缘。所谓的中年危机，多数是不学习、不成长导致的。那些从未放弃学习的人，即便到了60岁，也不会被淘汰。

2018年，阿里巴巴发布了一条招聘信息。信息显示，阿里急聘资深产品体验师，年薪40万起。同时，阿里规定应聘人必须是60岁以上，而且得有丰富的网购经验和稳定的中老年圈子，且在群体里有着举足轻重的影响力。

招聘消息一出，全国各地的叔叔阿姨们纷纷报名。阿里随后组织了一场候选人线下沟通会，从嘉兴“自驾”而来的黄叔叔在这场招聘会上表现出众。他为这次招聘会特意做了一份PPT（幻灯片演示文件），并在现场介绍了自己。他表示自己有非常丰富的网购经验，而且技能出众。退休以来，他自学PS（泛指用软件对原始照片进行修改）、办公软件，比起年轻人来也丝毫不逊色。66岁的曾老伯表现也很亮眼，他说自己退休后一直没闲着，后来干脆在老年大学报了两个班，就是为了“老有所为、老有所乐”。

只要能保持良好的学习习惯，一定会为自己的职业发展带来正面影响。比如提升学历、获得更高层次的文凭、拿到相关专业证书等，这些都是你职场晋升的敲门砖。

利用便捷的网络资源

中年人有了家庭，下班后家务缠身，能专门抽出来用于学习的时间不多，但并不意味着没有。何况，网络科技的发达给我们提供了随时随地学习的便利，而且还是免费的。比如，国内各大高校都有免费的网上课程,我们完全可以通过业余时间去自学。而包括斯坦福大学、哈佛大学、牛津大学、剑桥大学等国外名校的相关课程,用心搜索,也能找到“汉化”版本。

选择合适的学习工具

合适的自学工具能带给我们更好的学习体验。拿 iPad(苹果平板电脑)来说,除了能用它读书外,我们还可以用它来观看教育节目、收听广播等。Kindle(电子阅读器)连接亚马逊的图书馆,也是一个很好的自学工具。你所想要阅读的书籍一般都能在 Kindle 上找到,阅读时还能随时做笔记。另外,手机也是学习的最佳工具。我们可以利用手机 APP 来进行阅读、听课、进行专栏学习、输入及整理笔记等。这意味着我们在下载 APP 的时候要有所取舍,尽量选择学习类 APP。在走路、运动的时候,不妨使用音频类的学习 APP,提高时间利用效率。

获取“隐知识”

我们学习的知识不止包括书本上记载的“明知识”,还包括很多书本上没有标明但又存在于知识网络中的“隐知识”。“隐知识”可通过以下方法获取:

(1)请教前辈、行业达人。吸取、参考前人的学习方法和经验,本身就是一条捷径。

(2)查询“百科全书”。很多软件是附带说明文档的,比如微软关于 Excel(电子表格制作软件)的使用手册等。它好比 Excel 知识的“百科全书”。我们可以通过这些“说明书”来获取“隐知识”。

知识跨界应用

知识是可以交叉应用的,并不是说某一领域内的知识只能应用在某一领域内。如果我们能够找到不同研究对象之间的共同点,便可以实现知识的跨界应用。比如,拿《孙子兵法》来指导商业竞争,或者将写编程时的系统思维应用到写作上等。

想要构建完整的知识体系,非一日之功,它需要大量的时间。多花点时间去阅读、学习、整理、应用和分享,你迟早能铸就属于自己的知识体系。

查理·芒格曾在一场著名演讲上与现场观众分享了自己的人生经验与态度。他强调说:“坚持终身学习,如果不终身学习,你将不会取得很高的成就,光靠已有的知识,在生活中走不了多远。”养成终身学习的习惯,会让自己一生受益。

第三章 金钱焦虑，到底赚多少钱才能安心进入中年？

1. 中年人的崩溃，都是从缺钱开始的

一直记得三毛曾说过的一句话："交朋友，不可能没有条件。没有条件的朋友，不叫朋友，那叫手足了。"真是让人感慨：成年人的崩溃的确大都与钱有关，准确来说，是从"缺钱"开始的。

有一年效益不好，王书军的公司亏损了很多，临近春节了，还欠着员工20万工资。没办法，王书军只能出去借钱。

刚开始有借钱想法的时候，王书军还挺乐观的，心想平时朋友那么多，个个都很讲义气，借20万肯定没问题。可事实证明，他大错特错。电话里一听他要借钱，朋友们各种哭穷，那些张口闭口"好兄弟、好哥们"的人，一个个都捂紧了钱袋子，死活不松手。

那段时间，他整宿整宿睡不着觉，一方面在想去哪里找那该死

的20万,另一方面哀叹现在的"朋友"实在是靠不住。最后实在没辙,只得先把房子抵押,从一家金融机构贷款。后来渡过难关后,王书军常感叹那20万让他看清了现实,看似有一大帮朋友,到最后却没有一个人愿意帮自己。

"一分钱难倒英雄汉",一边是逼到绝路上的无奈,另一边是孤立无援。其实也不全是人心凉薄,而是身处顺境时,大多数人都对你展示笑脸,让你看错人,交错心。

生活就是这样,也许你认为之前对别人施以援手,在你困难的时候,他们也会对你雪中送炭。但你应该明白,当你失去了价值,甚至需要搜刮他们利益的时候,遭到嫌弃和厌烦是很自然的事情。

关于借钱,成年人的崩溃,只有一半是被无力控制和改变的现实所迫,还有一半是自己造的孽。有时候明知道自己缺钱,还不控制花销,心情好或不好都要"买买买",失恋要买,工作累或舒坦也要买,碰上"满减"就更别提了……这都是自己"作"的结果。

小张一个老同学心急火燎地跑来向他借钱,一个大男人眼泡红肿,看起来十分憔悴,有气无力道:"借我1万块急用,过几天还你。"原来那同学刚辞职几个月,为了犒劳一下自己近五年来一直辛苦工作,专门出国旅游一趟,回来还买了一辆代步车,养了一只宠物狗……刷信用卡刷爆。

等到还账的时候发现,工作五年攒下的钱还不够,然后在多家网贷平台借了几万块,本想着找到工作可以慢慢还,没想到工作落空,短短几个月,网贷滚到了十几万,又不敢告诉家人,只好自己借钱填坑。

如果不想因为借钱让自己崩溃，尽量做好以下几点：

首先要降低对朋友的期待值。不要觉得朋友就该借钱给你，帮你是情分，不帮是本分，期待越低，失望越少。其次要提升自己在朋友圈的征信度，让别人知道你是一个值得信赖的人，这样当你开口的时候，别人就愿意借。

提高自身抗风险能力

不要觉得月光没什么问题，当压力真的到来时，借钱借到让你崩溃只是分分钟的事情。学会存钱，即使一个月只存一千块，你要相信时间复利带来的巨大效果，而且存的是底气，是对未来不确定性的应对能力。

尽早制定家庭财务规划

不管你现在活得有多么潇洒，有一些大的家庭开支迟早是会到来的，比如孩子的教育金、自己和配偶的退休养老金，以及家庭的保障计划。这也是中年危机当中最沉重的三座大山。要应对这三座大山就必须提前做好家庭财务规划，利用好时间的复利。这就像滚雪球一样，只要坡道足够长，最终一定能够滚出一个大大的雪球。

作为中年人的我们，应尽量保持财务有盈余，不要出现迫不得已、低声下气向人借钱的情形，否则你终将体会到，什么叫力不从心，什么叫举步维艰。

2. 越活越"丧"的中年人,正在受困于"穷人思维"

前不久朋友们聚会聊天,听闻了一件事,感触颇深。

起因是朋友新开了一家服装店,为了招聘一个合适的导购员,发招聘信息、面试、再面试,忙碌了近半个月,可依然没有着落。

大家笑问:"现在招个导购员都这么难了?"朋友叹气道:"太难了,而且招人真是让我大开眼界。"

有一天,一位40岁左右的大姐来应聘,交谈中,朋友了解到她之前有本行业导购经验,做事安分踏实,也不会经常因为家庭琐事频繁请假。前期洽谈了解之后,双方都觉得没问题,朋友给她开出了同行业最高工资,以及各种日常福利。

随后,朋友告诉这位大姐,商场有规定,所有店铺员工要统一穿工服,入职体检,这两项费用都是自理。大姐一听,之前的和谐气氛一下就紧张了起来:"这起码要几百块吧? 我找工作是赚钱的,现在还没入职就让我出钱,那我不干了。"说完,起身愤愤离去,而朋友也没有挽留。

大家不解道:"你这么着急招人,她又正合适,为什么不挽留呢?"朋友苦笑一下道:"其实我打算在她入职之后的第一个月工资里给她报销那几百块,可她看不到同行业最高工资,看不到别人没有的福利待遇,眼里只有这几百块钱,再加上她为此气愤的样子,我担心以后相处起来会很累。"

生活里这样的人太多了,想学点东西提升一下技能,一看学费那么贵还是算了吧;都40岁了,学习还有什么用,学了又记不住,浪费时间,还是算了吧……

假如要去一个目的地,坐公交需要先走10分钟,等车5分钟,坐车40分钟,下车走10分钟,一共65分钟,花费2元。如果打车一共15分钟,花费20元,该如何选择?人们很大概率会选择坐公交。

"穷人思维"最典型的思考方式就是以省钱为第一要义,只想索取,不愿多付出一丝一毫,这种人格局非常小,束缚了自己。而"富人思维"则完全相反,他们会用省下来的时间做创造价值的事情。

"大多数穷人"的思维模式相同,区别在于"穷"的程度不同,为何有些人的中年越活越丧,一个人如果看不到未来所得,一辈子受困于鼻尖下的得失,就像一堵墙挡住了目光,终究很难走出困顿。再进一步说,"穷人思维"想的是"做多少事,拿多少钱","富人"考虑的则是"我想拿多少钱,就尽力做多少事"。

改变目标短浅的消费模式

目标短浅的消费,不会增值你的人生,反而会把你拽入财务危机的泥潭。这类消费包括盲目消费、冲动消费、过度消费。这种消费往往不是出于实际需要,而是基于好奇、攀比、炫耀、心情不好、自我满足等心理,根本不考虑自己的收入和支出是否成比例,只顾一味下单。

理解真正的"省钱"

哪个中年人过日子不是精打细算?穷人总是想着省钱,但什么是真正的省钱？买打折品，买便宜物品，看起来是省钱，但也很容易导致买来的东西不是自己需要的，或者质量太差，再或者压根不是自己喜欢的，结果只能反复购买，或者弃之不用，造成浪费。

真正的省钱其实是买能力范围内最好的，质量靠谱的。

比如买衣服。买便宜的，穿一段时间就扔了，反正觉得便宜，也不心疼。同时，因为便宜就会多买几件，最后，衣柜里塞得满满的，算下来，钱也没少花。

反过来，买能力范围内最好的，因为质量好，能穿很多年。而且这类衣服，一般款式简洁，穿几年也不会过时。

再比如买空调，空调买回来，穷人想着节约电费，总是能不开就不开，没有发挥物品该有的价值，这本身就是浪费。如果再因为天气太冷没有开空调，导致感冒，那就是更大的浪费。

尽量省时间而非省钱

有时间才能通过学习提升自己，才能赚更多钱。如果有可以更节省时间的选择，尽量选择节省时间，而非节省金钱。

穷人和富人的真正差别，不在于财富的多少，而在于思维的不同。摆脱穷人思维，是你迈向富人的第一步。

3. 死工资会拖累你！拓展多种收入渠道

有一个朋友特别喜欢玩游戏，以前大家总会说他这么大个人，天天一下班就玩游戏，不务正业。谁知道他现在竟然在某直播平台上做起了游戏主播,而且在线接单陪玩,仅仅利用下班到睡觉这段时间,每天可以赚到几百块钱,遇到土豪打赏,收入更多。

“斜杠青年”的概念特别火,指的是拥有多重身份的青年,他们不单只靠工资,有比较多的职业和收入来源。举个例子:苏轼是北宋文学家、书法家、画家,达·芬奇是文艺复兴时期的画家、雕刻家、建筑师、音乐家、数学家、发明家。

作为中年人的我们,随着成家,经济压力多出来一大块,作为主要收入来源的主业工资渐渐独木难支,很多中年人也成了老月光族。就算在公司受着委屈,也不敢辞职,工资没了,怎么生活?不妨尝试成为“斜杠中年”,只有收入来自多渠道时,生活才能更轻松,更有幸福感。

拓展收入渠道不是让我们中年人跨行或放弃当前工作,而是在做好本职工作的同时,去发展副业,提升收入水平。开枝散叶之前,一定有一条主干,本职工作就是主干,利用我们在自身行业积累的丰富经验,可以轮换不同工作。

畅销书作家艾力不仅是作家,也是主持人,还是新东方英语老师。他在新东方任教期间去参加《奇葩说》做辩手,去《超级演说家》做嘉宾,还主持过《魔兽世界》发布会。所有人都觉得这些与当老师没有任何关系,其实内在的因素是他的舞台表现力。无论参加演讲,还是任教,都需要语言功底和舞台功底。

拓展收入渠道不仅要符合本职工作,更要在不影响本职工作的前提下进行,以免得不偿失。

刘青山原本是大客车司机,每月不过5000元工资,因为自己有辆小车,所以他想利用下班时间做网约车司机,有时候晚上做代驾。半年后,他被客运公司开除了,原因是工作不认真,上班期间开车没精神,有好几次差点出车祸。

还有的人可能觉得除了安稳上班,没有什么多余的爱好、副业可以做,即使做了也不一定能见到收入,为此烦恼要不要做。

只要思路一改变,处处是副业,处处可获得收益。

张昭本职工作是厨师,每月工资在6000元左右,由于计划两年后买房,他现在很想多赚钱。在朋友的建议之下,张昭开始尝试着做兼职。

每晚睡觉前,他都会到某网络平台上回答一些网友的问题,大都是关于食材、食谱、食疗方面的内容。一开始并没有什么收入,随着他账号等级的提高和个人流量的增加,渐渐能从平台上获得可观收益。

因为他每天只有下午上班,上午偶尔也会跑到其他饭店做兼职,一个月也多出一笔收入;他还买了一辆二手电动车,原本想着休息的时候出去转转,现在休息时送外卖,他自己都说这样既赚了钱又看到了百态人生。

我们总是渴望拥有更多金钱,但一生总守着稳定工资不冒险。追求稳定是人之常情,但自认为的“稳定”不一定是真正的稳定,工资并不是我们最终目的,它只是创造财富的基础,通过这个基础,我们能够达到一种“源源不断的复利”状态,这才是正确的生活姿态。

开发副业

有什么好副业能让我们工作副业两不误呢?比比皆是。如果你是一名教师,应该很了解教育行业发展;如果是律师,必然对法律法规烂熟于心……基于专业知识,在自媒体如此发达的当下,教师可以写教育类论文、心得,答疑重点难点问题,还可以网络授课,私人辅导。这样既能广泛育人,自己也可以增加额外收入,两全其美。

如果我们有某种兴趣爱好,那就潜心去打磨,把它发展为副业。譬如,邱永汉在日本流落期间,写过报纸专栏,填过歌词,写过小说。

打造被动收入

人生的前半生就是用来奋斗的,对于家庭条件不好的人来说更是如此,要比别人付出更多汗水和精力来获得收益,这种收益是真正的血汗钱。年轻尚可,人一到中年就不能再像年轻时一样工作到三更半夜,精力和身体都不允许,血汗钱会变得越来越不可靠,人生下半场,最可靠的是被动收入,即"睡后收入"。

"被动收入"绝对不是"不劳而获",实际上在获得"被动收入"之前,我们早已经做了长时间的劳动和积累。比如我们常说的"人脉资源"就是被动收入的来源渠道。再比如,我们创作出来的音乐版权,即使短暂收益之后不再创作,这首歌仍然会在各大音乐平台销售出去,产生源源不断的收入。

有一个美食博主,以前是个朝九晚六的小职员,收入微薄。她最喜欢的事情就是利用下班时间捣鼓美食,还专门做了一本美食教程。后来她把这些教程制作成美食短视频,发到 b 站、微博、公众号上,一时间收获了大量关注。现在她开课、出书,每年光靠版税和课程就收入不菲。

还有人靠卖PPT模板年入百万，有人拍一张美景照片就能获得丰厚的版权费……

真正想要获得财务自由，一定要在被动收入上多花心思，仅凭主动收入实现财务自由实在太艰难了。

做一个良好的财富规划，拓宽收入渠道，然后脚踏实地坚持下去。

勇敢踏出第一步，不自我设限，收入就有更多可能。

4. 月薪3万撑不起孩子一个暑假？教育不是炫富攀比

朋友圈曾热传过一篇《月薪三万，还是撑不起孩子的一个暑假》的文章，一位妈妈是企业高管，月薪3万，女儿在广州某名校读5年级。临近暑假的时候，她却连新衣服都不敢买了……

这位妈妈算了一笔账：

女儿去美国游学，10天20000元；

在家需要请阿姨照顾女儿，每月5000元；

7月份钢琴考级，钢琴课2000元；

游泳班2000元；

英语、奥数、作文培训班共计6000元。

家长暑期在孩子身上花费，少则几千，多则上万，一个暑假真的要花费这么多？

有网友爆料，近几年暑假出国游的人数越来越多，有的孩子甚至一个暑假参加3个游学团，而每个游学团的价格在10天数万元。除了游学，各种补课班、兴趣班价格从几百元到几千元不等，一对一课程更贵。很多家长纷纷晒账单抱怨养的不是孩子，而是台碎钞机。

家长抱怨可能是觉得实在太贵，却不得不花，也可能是矫情。孩子的暑假账单中透出一股浓浓的钱味儿，表面上是表现经济压力大，实际上却是一种炫耀：我为孩子能花得起这么多钱，你花得起吗？

教育不是炫富攀比，观念不对，花多少钱也撑不起家长的矫情。

家长的不理性消费推高了教育消费，很多支出是有钱人的“任性”，并非是孩子教育所必不可少的。不要认为舍得对孩子的教育投入就是好事，教育效果是不能以花钱多少来衡量的。对于月薪3万还不能支撑孩子过暑假，家长自身应多思考这样的支出是否合适。

此外，还有一个新词叫“暑假不自由”。家长在经济上投入很多，给孩子安排各种学习活动，他们不是时间和财务不自由，而是精神上不自由。他们被教育焦虑感绑架，还让孩子失去了应有的自由与欢乐。

电影《银河补习班》传递出的信息是：教育的目的是为了让人看到更广阔的天地和更长远的人生。因此主人公做出种种艰辛努力，一直试图给孩子创造一个相对自由的教育环境。

如果家长总是跟随着社会的浪潮随波逐流，内心没有笃定的教育观，孩子的教育就会处处被动，不仅“月薪三万”不够，家长和孩子都将深陷“不自由”的泥潭。

近几年,一些蹿红童星让不少家长做起了"望子成星"的美梦,看到过很多家长将孩子送到经纪公司培训。有一位业内朋友透露道:"行业门槛低,鱼龙混杂,举办假比赛捞钱等现象屡见不鲜。不少家长缺乏教育定力,盲目跟风,不惜砸下重金,可孩子的'明星梦'最终却成了泡影。"

在微博上看到过一个孩子从幼儿园到大学毕业的账单:

3—6 岁,公立幼儿园每年 1 万,私立 3 万—5 万,早教 2 万,3 年需要 9—21 万,平均消费在 13 万左右。

6—12 岁,小学期间要培养孩子各方面能力,平均每个月 2000 元左右,6 年约 14.4 万元。

12—18 岁,初中 3 年,衣食住行每年约 2 万,课外辅导每年 2 万;高中 3 年衣食住行每年 2 万,民办高中学费一年 2 万,共计约 24 万。

18—22 岁,大学 4 年,一年 3 万左右,一共 12 万。

以上费用相加约在 60 万—80 万之间,如果留学则更多,虽然这不是权威机构的统计结果,但也能反映一些问题。在微博评论区,很多网友说"我们都欠父母一个百万富翁"。

已为父母的夫妇又怎么看待孩子的教育问题呢?几乎所有人的答案都一致:为了孩子,能选好的就选好的。这就是传统思想里的"亏啥不能亏孩子",加上各种教育机构的营销套路,让家长们误认为给孩子报各种暑假班,就对孩子成长发展有利。

量力而行

养孩子绝对是一个极具挑战性的活,几乎是在孩子降生的一瞬间,我们身上的担子突然就重了许多。但养孩子需要花多少钱,归根结底还是要因人而异,量力而行。

与其整天叫喊着“吃不消”,倒不如坐下来仔细计划一下:怀孕时为什么非要买名牌孕妇装?为什么不能母乳喂养或吃便宜一点的国产奶粉?牛初乳和DHA(人体所必需的一种多不饱和脂肪酸)等真的是非补不可吗?婴儿床、婴儿车等有没有想过可以从简?

陪伴是最好的教育

如今的中年人都忙着去赚钱了,哪里有时间陪孩子?就连吃饭的时候,很多孩子都看不到爸爸。教育真的不是靠砸钱,花点时间陪伴才是最好的教育。

很多父母说,我也想时时刻刻都陪在孩子身边啊,可是身不由己,我要赚钱给孩子提供更好的生活。很多父母都误以为给孩子打造高品质的生活方式,买进口食品、昂贵玩具、名牌服装就是对孩子的爱,却常常忽略了孩子内心的真正渴望。

对于孩子来说,比起物质需求,他们更需要爸爸妈妈的情感联结。父母的陪伴可以帮助他们建立安全感、归属感、幸福感。台湾著名作家龙应台曾表示,和孩子一起观察蚂蚁、一起堆沙堡,或者一起散散步,都可以培养孩子的想象力,激发孩子探究生活的热情。

不妨每天抽出半小时,和孩子吃过晚饭后一起去散散步、聊聊天。双休日还可以带孩子出游、放放风筝,享受大自然美景的同时,也增进了亲子感情。哪怕是陪孩子说一会儿话,逛一会儿公园,聊一聊小时候的趣事等,都是很好的陪伴。

5. 人到中年,是继续打工还是创业改命?

步入中年,常常考虑的一个问题是:要不要辞职创业?毕竟在职场打拼了十几年,有一定的财富积蓄和经验积累,不甘于人生如此波澜不惊,想寻找人生的下一个突破口。

37 岁的李志就正在为此烦恼,他就职于一家大公司,属于中层管理者,去年工资加奖金到手一共是 50 万左右。公司计划今年上市,按他的级别应该会有些股票分红。家里人和朋友都觉得他工作不错,但他自知已经到了上升的天花板,不想再继续熬下去。

而且他觉得这些年,几乎把全部的精力都投入到工作中,感到特别疲惫和压抑,迫切想要换一种生活方式。他想辞职去创业,给自己的人生一个新的可能。

辞职创业,已经成为越来越多的中年人所关心的话题。因为有过职场经验,又积攒了一定的人脉关系或资源,所以很多中年人内心萌动,想要趁机大展拳脚。但由于之前没有创过业,缺乏对创业的具体认识,又担心一旦辞职会影响到自己当下相对稳定的生活,且对不确定的未来感到恐惧。在这种双重的心理压迫下,导致他们犹豫不定。

应该辞职去创业吗?

在回答这个问题之前,首先需要弄清:之所以想要辞职,到底是真的想要创业,还是单纯地对工作感到厌倦,受够了目前这种上班族的生活而想要逃避,抑或只是跟随大流。

从上面李志的案例入手来分析,我们可以发现几个问题。

第一,李志最初的出发点仅仅只是对现有工作感到疲惫,想要休整,进而提出了辞职创业的想法。然而,创业是创业,休整是休整,这两者有本质上的区别。如果不将其中的差异区分开来,辞职之后很可能就会心生后悔,那就是在瞎整了。

第二,李志对创业存在认知偏差,在他看来,似乎只要自己创业,就能轻松一些,不用那么投入,不用将全部的时间都放到工作上。这也是很多人所抱有的态度和看法。其实,一家蒸蒸日上的公司,其老板绝对不比员工更安逸,他们往往承受着更大的压力,每天需要花更多的时间去工作。

第三,李志看轻了创业的难度。创业意味着在很长一段时间里将没有收入,同时创业对个人能力也有着极高的要求。成功的创业者多是“全能型”的人才,对技术、管理、业务运营等都有一定的了解。李志在公司的平台上有一定能力优势,但单独创业就是另一回事了。

有句话说:“离开了平台,你什么也不是。”比起一开始就创业的人,上过班的人更容易对自己形成认知偏差,因为之前的平台可能会在一定程度上放大自己的真实能力,我们的自信和成就很多时候是建立在平台之上的。一旦自己创业,失去了平台的支撑,很可能会发现自己没有自己想的那么优秀,如此一来,创业过程中必然会遭遇失败。

再则,辞职创业还会给我们带来其他方面的压力。比如,33岁的刘雯就这样说道:“早几年创业还好,两手空空,我输得起。可现在我已经是孩子妈了,拖家带口,不敢输,也输不起。之前尝试了好多次,都不敢下决心。现在虽然挣钱不多,但至少生活有保障。万一辞了职,创业不成,我连孩子的奶粉钱都没了,那可真是不敢想象的事情。”

一次理性的创业,是建立在我们看到了一个获得成就,或取得财富的好机会出现的基础上,这个机会迫使我们在经过深思熟虑后,决定做出放弃稳定生活的选择。这种时候,我们的创业行为才是思考之后的结果。如果仅仅是因为厌烦目前的生活状态,或不愿落于人后,而盲目跟风创业,那这种“创业”最好不要。

还有的人会说:“我现在有很多好想法,觉得只要去做肯定没问题,我要不要辞职创业呢?”持这种心态时,辞职创业恐怕也不是一个好选择。创立一家企业,想法太多是个问题,它们会带来很多阻碍。理性的创业,通常只需要一个想法。

具体而言,作为一个创业者,你必须具备以下素质。

极强的执行力

在创业中,创业者的执行能力很重要。创业说到底还是一个变想法为现实的事情,执行才是创业最终的落脚点。在创业初期,大多数的创业团队都不够完善,很多事情都需要创业者亲自去做。这就意味身为创业者的你是公司里行动的核心力量,你的执行能力关乎整个公司的运作效率。

但令人失望的是,很多创业者在创业初期都喜欢高谈阔论,忽视执行的重要性。这是一种执行能力缺失的表现,这样的行为将拉低整个公司的运作效率,最终使整个创业团队陷入停滞之中,创业的项目很可能在这样的停滞中夭折。

丰厚的创业资本

所谓创业资本，不单单指的是资金，还有新创企业在创造价值的过程中需要的特定的资产，包括有形与无形的资产，这是新创企业创立和运营的必要条件。

创业资源包括创业人才、创业资本、创业机会、创业技术和创业管理等。

做好规划

一个成熟的创业者，在他动手去做一个项目之前，他首先会做好规划：接下来要做什么项目，这个项目要怎么去做，做到怎样的地步算成功，成功之后又该怎么做，项目失败后自己应该怎么做，要不要预先留下退路，失败后该不该坚持……

很多创业者在规划未来时，总是将精力全都放在对"成功"的设计上，而忽略了对"失败"的考量。也许有人会说："创业就是要不给自己留退路，这样才能全力以赴。"在很多成功学书籍中，给自己留退路似乎被解读成一种不自信、不尽全力的表现。其实不然，一个人只有未雨绸缪，在做事之前，尽可能地预估并评测可能出现的后果，才能在真的出现问题时从容地应对。

超强的承受力

创业过程中，我们可能会被拒绝，会遭到别人的否定、误解和嗤笑，也会面临企业倒闭、团队合作不协调、无法应对市场瞬息万变的局势、来自竞争对手的不正当打击手段，以及各种不确定的意外灾害等威胁。

这些都是阻碍甚至破坏我们创业的“杀手”。要有敢于直面这些威胁的勇气和智慧，不被它们击倒，才有创业成功的可能。

一句话，辞职创业并不是不行，而且相比大学生，中年创业的成功率还要更高。但大多数纠结于是否辞职创业的中年人都没能正确认识到创业的本质以及难度，也没有明确的创业目标和充分的准备。对这些人而言，辞职创业或许不是什么好想法。

6. 开源不是重点，节流才是重点

什么是真正的贫穷？不是我们收入少，而是乱花钱。不少人谈到节流便嗤之以鼻，认为开源最重要，节流是没本事的表现。开源固然不能忽视，但是节流更重要，留不住钱的话，不管收入多少，都无钱可用。尤其对生活压力比较大的中年人来说，拥有必要的节流意识尤为必要。

“开源容易节流难”是大多数节流失败者的切身体验，本来下定决心省钱，不料赶上了“双十一”，最后只能在朋友圈里“剁手”。还有一些人把节流当成对自己生活的折磨，一天只吃一顿饭，甚至推崇“一天几元钱”。还有的人收入就像池子的进水口，源源不断，可是出水口却远大于进水口。开源做得非常好，但由于没有做好节流，仍入不敷出。

李华月薪颇丰。除了本职，他还私下做自媒体，给网络传媒、纸媒等供稿赚稿费，每个月到手的数额一直在上涨。一开始他觉得开源比节流重要，自己不差钱。

他的消费水平也水涨船高，而且上涨速度远高于收入。每年一次出国旅游，两次国内旅游，吃的用的住的贵了好几倍。后来他发现虽然薪资一直在增长，但自己还是一直月光，偶尔还要刷信用卡来弥补不足。

有一次，父亲突发心脏病住院，他竟然拿不出一分钱。这与他平日里吹嘘的高收入完全不符合，面对家人质疑的目光，他心如火燎，从那以后下决心节流省钱。

节流不等于无限制省钱，不等于降低生活水平，不提倡通过减小饭量、占朋友小便宜来省钱，更不能为了省钱而忽略对自己的投资。

下面，我们来总结一下怎么做可以省钱。

记账

学会记账能让我们知道钱花在了哪里，进而有针对性地控制支出。

记账一定要注意分类，除了简单分为食品支出、衣物支出、日常用品支出外，尽可能把支出分为必要性支出和非必要性支出。

必要性支出包括房租、房贷、车贷、三餐等维持生存的基本花费；非必要性支出指娱乐和外卖花费，这类支出可以通过选择替代产品来降低，比如，自己带饭就比点外卖省钱。

切不可经常偷懒漏记，只记录金额不标注分类，不备注具体花在哪里。否则等我们查看的时候不清楚具体花在哪里，那就失去了记账的意义。

断舍离

节流的本质归属就是“断舍离”,当我们抛弃那些不必要的东西,花费自然就能降下来。比如,购物之前列一个清单,从需求出发减少冲动性消费,不要看到打折就下单,只买需要的,不买想要的。

要避免透支消费,“先享受,后付款”的广告语深入人心,作为中年人,我们更要对欲望消费保持理性。尽量使用现金支付方式,刷卡消费跟现金消费的支付痛感是完全不同的,刷卡的感受只是虚拟数字减少,现金支付却能实实在在感受到金钱的流失。

重视小钱

要注重小钱的积累,比如一些网站支持购物返现,小到几毛钱,大到数十元钱,长期下来也能节省一笔费用。有不少商家支持好评现金奖励,不妨多说几句。

一句话,大钱要省,小钱也不可忽视。

步入中年后,我们需要把更多的精力放在身体健康和家庭事务上,这意味着此时的开源能力逐渐退化,因此更要注重财务节流。这样能让我们在已有的基础上合理支配财富,把钱用在刀刃上。

7. 上有老下有小该如何理财？

“上有老，下有小”的中年人，不仅是“房奴”，还是“孩奴”，该如何通过正确理财来实现自己人生的梦想呢？下面，让我们通过一个实例来具体了解一下。

田雯今年32岁，属于自由职业者，平均月收入1.5万元。田雯的老公今年33岁，在北京做室内设计，税后月薪2万；有一个一岁半的女儿；家中有住房一套，价值300万左右，无房贷；一辆价值10万元的轿车；现金存款5万元，投资类金融资产总额8万元，年投资收入3万元；全家每年生活开支4.5万元。

双方父母都建在，有自己的住房，平均每月有5000元退休金，除了田雯父亲有心脏病之外，其余三人都算健康。

田雯没有社会保险，她为自己购买了具有养老和大病保障功能的分红保险，每年交保费1万元；老公单位有五险一金；女儿上了北京市“一老一小”保险；双方父母单位也都有大病医疗保险。

理财第一步：做好家庭财务状况分析

通过上面的案例我们可以分析出：田雯目前的家庭财务状况良好，有房有车，总资产在百万以上；家庭支出结构基本合理，日常生活支出占整体支出的一半，主要在抚养女儿这一块开支较大；另外，田雯的父母和老公的父母都有固定的退休金，也有相应的医疗保险，意味着他们两个人在赡养方面的负担相对较小；最后，年度结余比率高于正常参考值的 30%，说明田雯家庭每年可自由支配的资金相对较多，这样更有利于财富的积累。

理财第二步：制定具体的目标

分析完整个家庭的财务状况后，我们就要开始制定具体的目标，也就是在未来几年里，我们可以想到的、准备实施的具体事宜。比如是否准备购置房产或换车；是否有出行计划；是否有继续深造的需求；以及子女到了上学年龄，接受教育的费用；当然，还要留出一部分可自由支配的资金，用来预防父母、自己和子女可能遭遇的重大疾病等。

以田雯家为例：

(1) 她和老公计划在未来每年都要出行一次，暂定每次旅游费用在 1 万元左右。

(2) 女儿 3 岁要上幼儿园，托儿费每年大约 4 万元；每年教育金保险和大病险加在一起大概 5 万元；5 年后上小学，就算是义务制教育，每年起码也要花费 1 万元。

(3) 田雯准备在女儿上小学后再购置一套大点的房子，以目前的房价，预计花费在 400 万元左右。

(4) 为了提升职场竞争力，老公要进行为期 3 年的深造，每年费用大概是 2 万元。

(5) 由于田雯父亲的心脏不太好，为了防止一些突发情况，每年都要准备现金 5 万元左右，用于垫付医院治疗费。

理财第三步：听听专家的建议

制定好未来几年内所要达成的各个目标后，不妨请专家根据这些目标，给出相应的具体建议。

以田雯家制定的目标为例，看看专家怎么说。

(1) 关于旅游出行计划和深造。

对于田雯夫妇俩来说，每年外出旅游度假的1万元可以从两人当年的收入中提取；而两人事业都处于发展阶段，需要不断积累经验和充电，每年深造所需的2万元也可以直接从当年的收入中支出。增加这两项支出后，整个家庭每年的日常支出将增加3万元，但仍属于合理范围，所以可以轻松实现旅游和深造计划。

(2) 关于女儿教育金的准备。

子女的教育金不存在时间弹性和数目弹性，因此，我们在准备教育金的时候要遵循“稳”的原则。上幼儿园的日期比较近，这部分钱可以通过定期储蓄的形式来准备。

而小学要到5年后才上，每年1万元的教育经费可以采用“债券基金定投”的方式来准备。如果再涉及将来孩子上中学、大学的费用，则可以采用“教育保险”与“基金定投”相结合的方式，这样既有最基本的保障，又能最大限度地提高收益。

(3) 关于购置房产的建议。

目前小面积的房子可以卖掉做首付，贷款控制在100万元左右，采用等额本息还款方式，分30年付清，月供大概5000元，购房压力完全可以承受。

(4) 关于家庭保障计划。

这是现在每个家庭都极为关注的一项内容,虽然截至目前,家庭中各个成员都有不同程度的保险保障,但始终还是不够全面,个别保障额度不够的现象依然存在。专家建议可以增加田雯夫妇两人的意外险保障,而女儿和父母则主要考虑增加其大病保险和意外伤害保障。

(5)关于大额医疗费备用金。

田雯父亲的心脏不好,希望每年能有至少5万元作为大额垫付医院治疗费的备用金。专家建议不妨将这5万元中的3万元放在银行,作为定、活两用存款。另外2万元购买货币基金。一旦发生意外,可以马上取出3万元存款,同时赎回货币基金,通常资金两天即可到账。

这种方式,可以让我们持有的现金或活期存款产生更大的收益,而且也不影响关键时刻垫付医疗费的需求。

中年人上承父母的养育之恩,下继儿女的抚养重任,成了家庭的中流砥柱。面对“上有老,下有小”的日子,我们是时候要成熟起来,管好自己的钱,理好全家的财,这样才能让生活变得红红火火,才能让日子变得有滋有味。

第四章

婚姻只剩下麻木的将就，拿什么来收拾一地鸡毛？

1. 为什么婚姻会从怦然心动变成凑合过？

一位女性朋友总在朋友圈里抱怨说，人到中年，婚姻生活就像一潭死水，快要把她淹没。结婚多年后，她和丈夫渐渐变成了最熟悉的陌生人，完全失去了当初那种心动的感觉。

“凑合过呗，他都不在意我，我也懒得理他。这种日子，真没意思。”

“熬吧，熬到孩子大了就好了。什么爱不爱的，太矫情了。”

知乎上曾流传着一份“人生攻略”，很多人看到其中一个问题都沉默了：“真爱”是标配吗？“凑合过日子”是不是才是人生真相？

似乎所有的爱情都熬不过七年之痒，都会从一开始的轰轰烈烈走向平平淡淡，从一开始的风花雪月变成如今的柴米油盐酱醋茶。

其实,每段感情都有一段“新鲜期”。热恋中的人,身体会分泌出多巴胺这种激素,它让我们感觉到愉悦、甜蜜与幸福。当一段爱情落了地,慢慢走入现实生活,恋爱双方身体里的多巴胺分泌就会逐渐降低。科学研究证实,在男女双方相处的 15 个月内,神秘的爱情魔力会渐渐消失,差不多经过 10 年,便基本消失殆尽。

人到中年,婚姻变成了一幅失去色彩的画,你们随时面临着貌合神离、分崩离析的危机。而工作际遇、婆媳关系、孩子教育和自身条件等种种问题都会让你们对彼此的倦怠感与日俱增。

曾经的意乱情迷、海誓山盟注定会成为往事,而被中年人铭记于心的则是上有老、下有小的现实。走到人生半途的时候,如果我们都受困于生活中的琐事,懒得去打理曾经的爱情,那么这段婚姻自然会变得枯燥乏味,“凑合过日子”便变成了人生的常态。

然而,马斯洛需求理论告诉我们,人类的基本需求中,爱和归属感占据着极为重要的位置。对于大多数人来说,甜蜜的爱情与幸福的婚姻是“爱和归属感”的核心来源。无论我们承不承认,爱情都是我们的必需品,而一份稳定的亲密关系足以让一个身处危机中的中年人越发清晰地洞悉自我局限,亦能激励他走出阴影,最终获得心灵上的圆满与宁静。

两个凑合过日子的中年人,就像两台冰冷的机器在互相配合着工作,表面上风平浪静,实则危机重重。

国产剧《完美关系》中便有这样一对凑合过日子的中年夫妻:斯黛拉和崔英俊。回想剧中的一幕幕,这对夫妻在一起的时候,没有任何甜言蜜语,倒像是老板和员工的关系。他们望向彼此的眼神生硬、麻木,很少向对方微笑,很少和对方谈心,就连仅有的互动也硬邦邦的。

貌合神离的婚姻，最大的问题是夫妻双方都无法袒露最真实的自己。他们常年戴着面具生活，彼此心中都怀有芥蒂，存在隔膜。如此一来，隐瞒、欺骗、防备、猜忌、中伤等负面因子便接踵而至。相互怀疑、提防，相互指责、怨恨，将所有的问题都推到对方身上，对曾经最爱的人漠不关心。渐渐地，对方的一举一动都让你感到厌恶。而在这段越来越糟糕的关系里，家就成了最黑暗的地狱，而不是最温暖的港湾。就像《完美关系》中，崔英俊最终选择背叛斯黛拉，他们的婚姻也由此走向了尽头……

心理学家弗洛姆在其经典著作《爱的艺术》中揭示道，爱是一种能力。虽然热腾腾的荷尔蒙及喷涌的多巴胺最终会随着时间的消逝而冷却、降低，但做出"凑合过日子"这一选择的却是我们自己。当婚姻出现问题的时候，大多数人第一反应是终日抱怨、推卸责任，这是典型的心理防御机制。然而，这种不成熟的心态最终会致使我们陷入生活的泥潭，无法自拔。

与此形成鲜明对比的是，另一些人深谙爱的艺术，他们擅长为自己的爱情保鲜，生活越是平淡，他们越是会用尽心思地将其打理得热气腾腾、有滋有味。

中年夫妻如何找回当初的怦然心动？

改变形象，制造新奇感

美国婚姻咨询专家弗兰克·皮特曼提出，"老夫老妻"们可通过"增加异性特点"的方式给予伴侣一种新奇的感受，以找回久违的激情。

一位女网友曾留言说，她在丈夫出差回来之前赶去理发店烫了个大波浪，一改往日"清汤挂面"式的黑长直模样。随后，她换上一身靓丽长裙,再配上精致的妆容,闪烁烛光下显得越发妩媚动人。丈夫回到家中,见到她后,眼里满是惊喜。

夫妻间越是熟悉,就越要注重打扮,但这不仅局限于外表上,亦包括言行举止。平日风风火火、干净利落的事业型女强人在另一半面前不妨尽情展露自己的女性温柔。时常小鸟依人、柔声细语一番,会带给对方无尽的新奇感。平日大大咧咧、不做家务的中年男人突然一改大男子主义的模样,为妻子捶肩捏腿,洗手做羹汤,则更显男性魅力。

制造浪漫

不要说都老夫老妻了还讲究什么浪漫。婚姻需要浪漫,它能使你平淡的婚姻像放进了蜜糖一样香甜;能让你在纷繁的外在压力中获得身心的慰藉;能让你的婚姻像添加了防腐剂一样常保新鲜。

浪漫的灵感可以从很多地方获得,特别是在这样一个信息传递迅速的时代,网络、浪漫小说、爱情电影……很多艺术作品中都有忠贞不渝的爱情和各种各样别出心裁的浪漫方式的描述。婚姻中的浪漫是两个人的事,它需要双方共同创造,一个小小的惊喜,一份只有两个人的烛光晚餐,一句真诚的赞美……都能大大提升婚姻的幸福感。

甜蜜、牢靠的婚姻会带领你们共同成长,成功走出中年危机;而凑合过日子的婚姻只会让你们在彼此消磨、埋怨、憎恨的状态中走向两败俱伤的结局。

爱情是婚姻的必需品,当你运用足够的耐心和智慧去打理自己的婚姻生活的时候,你身边的一切都将是正向的、积极的。

2. 爱情里最致命的伤害，是沉默

微博上流传着一个小视频，名字叫作《餐桌上的陌生人》。视频中，只见妻子微笑着同丈夫谈起最近发生在身边的趣事，丈夫一边忙着工作，一边“嗯嗯”地应付着妻子。慢慢地，妻子脸上的微笑消失不见了。她也闭了嘴，忙起手边的家务活。

有一天，妻子发现丈夫的录音笔落在了家里。她生起了好奇心，便戴上耳机听了起来。除了丈夫敲击键盘和翻阅纸张的声音外，没有什么特别的声音。偶尔，录音里传来自己对丈夫的简短问候和丈夫敷衍的应和。妻子在心里默默数了数，一天下来，自己和丈夫说话不超过 10 句。她心里一阵悲伤，是从什么时候开始，她和他之间变得无话可说了？

那天晚上，吃完饭，妻子突然对丈夫说：“今天隔壁买了电视，好大一台，我们要不要买一台啊，吃饭的时候可以看啊？”丈夫心不在焉地吃着饭，没说话。她又说道：“我想说这样子，吃饭的时候不会那么无聊。”丈夫说：“没有位置放吧？”

一颗泪从妻子眼角滑落，她突然问道：“你有没有听到什么声音？”丈夫觉得奇怪：“什么声音？”妻子绝望地回答说：“就是什么声音都没有，好安静。”

有多少中年夫妻在婚姻中患上了“失语症”？他们像合租的室友，在餐桌上各玩各的手机，难得交谈几句。晚上睡在一张床上，却背靠背，彼此之间互不关心。

《中国青年报》曾以“婚姻失语症”为主题做过一次调查,共有2750人参与。80%左右的受访者坦言,自己上班时谈笑风生,一下班回到家中就变得沉默不语。而英国的一项调查亦显示,很多结婚多年的夫妇每天交谈时间不超过10分钟。

进入中年后,很多夫妻间的相处被沉默所取代。他们对沟通失去了耐心,能用一个手势解决的事情,绝不愿意多说一句话。回忆当初,热恋中的他们总是无话不谈。为什么会发生这样的转变?最重要的原因是,两个人在一起已经无话可说。

两个人长久地生活在一起,早已失去了当初的那份新鲜感,对方无论说什么、做什么都在自己的预料之中,长此以往,自然产生不了任何期待。

现实生活里的种种残酷真相一遍又一遍地冲击、瓦解着他们的感情链接。双方失去了刚恋爱时的那股冲劲,似乎越来越难聊到一块去。无论谁先开口,都是一堆鸡毛蒜皮、家长里短,都是抱怨指责、争吵痛骂,于是两人不约而同地选择了闭嘴。而当他们都沉默下来的时候,婚姻便从心灵的庇护所变成了束缚彼此的枷锁。

婚姻中最先沉默的那个人可能有着诸多理由,工作中压力太大,累到极致时,回到家中便不想再开口;嫌弃另一半太唠叨或不懂你,干脆用沉默的方式去抗议……

可是,这些都不是你对另一半实施冷暴力的理由。

鲁迅曾说,沉默是最高级的轻蔑,这种轻蔑无异于凌迟。爱情最坏的模样,不是双方吵得不可开交,而是彼此无话可说,连吵架的机会也没有。

争吵所带来的伤痛都是摆在明面上的,你们还能感受到彼此的存在感。心情不痛快的时候,大吵一架,内心的委屈或多或少能得到抒发。而沉默所带来的伤痛却是隐形的,你明明有一肚子的委屈要倾诉,对方却只留给你一个冰冷的背影,连一句话都不想跟你多说,这种压抑的氛围迟早要将你逼疯。

日剧《最完美的离婚》中有一句台词让人印象深刻:“最坏的结局不是离婚,而是成为面具夫妇。对对方没有爱,也没有任何期待,却在一起生活,这才是最大的不幸。”

增加两个人相处的时间

那些懂得经营爱情和婚姻的人,首先会放下手机,将倾注于网络游戏、购物软件、抖音短视频上的热情放回到另一半的身上。他们会适当增加和伴侣独处的时间,一起遛狗,一起逛菜市场,一起做饭。当他们共同经历这些生活中的琐事时,夫妻间的交流也就多了起来。

睡前聊天

他们会利用入睡前的半小时,亲昵地依偎在爱人的肩上,和对方心平气和地谈谈心。无论是回顾往昔,还是展望未来,话语中都充满了坚强、乐观的力量。

一起去旅行

懂得经营婚姻的中年人每隔一段时间就会安排一次旅行,和亲密爱人背起行囊,出去吹吹风、看看海,或者重游恋爱时的旧地。这时候,生活的压力被抛到九霄云外,他们之间的感情亦历久弥坚。

有的人将另一半当作空调、冰箱等生活必需品,他们离不开对方,却总是对对方视而不见、沉默不言,始终漠视对方的情感需求。这样的人,迟早会失去最珍贵的感情。

3. 婚姻最好的样子:懂知足,不抱怨

很多人发现,人到中年后,反而不如年轻时心态好。

刚结婚时,还有很多勇气去面对未知的困难,携手走过十几载风风雨雨后,反而开始不停地抱怨起来。有些女人总是会想起以前不开心的事情,她们喜欢将“你怎么这么没出息”“你太没用了”等伤人的话语挂在嘴边;有些中年男人则动不动就怨叹自己生活不幸、怀才不遇。要知道,谁都不喜欢和经常抱怨、发牢骚的人相处,他们怨天尤人,浑身充满了负能量,一开口便让人头疼。

要想避免成为这一类人,首先要搞清楚一个问题:是什么导致我们喜欢抱怨?很多人在婚姻生活里愤愤不平,是因为他们缺少知足常乐的心态。

一位女性朋友参加同学会回来后,在闺蜜群里大吐苦水,说当年那个样样都比不上自己的女同学居然嫁了个潜力股。如今的她穿金戴银,通身的贵妇气派,而自己明明不到40岁,却活得灰头土脸,活像个老太太。没有对比,就没有伤害。她恨恨地说:“我也不知道怎么就找了个这么没用的男人,真是拖累了自己……”大家劝了她许久,她却还是一副怨愤不已的样子。后来,

听说她与老公因为感情不和离婚了。大家都很惋惜,人到中年,好好的一个家就这么散了。

人到中年,当你发现自己无论怎样努力都无法改变现状的时候,无力感便油然而生,这才滋生了诸多的不满和抱怨。

比如,很多女人刚结婚时都怀抱着很多玫瑰色的幻想,逐渐迈入中年后,却发现自己变成了保姆,终日忙里忙外,将自己操劳成了黄脸婆。

很多男人刚结婚时还斗志满满,人到中年,却发现自己离奋斗目标越来越远,身边似乎没有一个人能理解自己的苦处。他们心中积蓄着太多的愤怒与不满,于是他们将唠叨、抱怨、指责的话语时常挂在嘴边,其实是为了寻求心理平衡。

那些陷入"怨妇"心态的人通常会将注意力聚焦于情绪上,却忘了好好地去解决问题。他们总是纠结于自己受到的那些委屈和伤害,为了排解情绪,他们一味哭闹、抱怨。如此一来,他们的生活就会永远停留在那些不愉快的时刻,永远无法向前。

提醒自己停止抱怨

无止休的抱怨与指责只会将你的另一半越推越远,再牢固的婚姻也会因此分崩离析。哪怕觉得委屈,你也要做到心平气和地提出自己的诉求,以此代替抱怨。记得提醒自己,每次说到几分钟就不要再说了。这时候你已经表达出了足够的信息量,再说下去就又会给对方留下怨妇的印象。

用关爱代替抱怨

完全不抱怨的人是不存在的。掌握正确的抱怨方式，反而能达到稳固婚姻的目的。其中的秘诀是，你要时刻站在关爱对方的角度去抱怨。

有位网友说，以前她总是抱怨丈夫不顾家，责任心不强，如今她却换了种方式。她会温言细语地埋怨丈夫工作起来不要命，不顾惜自己的身体。这些话听起来是抱怨，但字里行间表达的是对丈夫的关心与心疼。丈夫听了不但不生气，反而会耐心地安慰她。

回忆美好时光

如果你正处于心理失衡的状态，不妨抽出一个下午，回忆一下过往的美好。比如你们曾有过一个虽简朴却浪漫的婚礼，你们曾一起登山看日出、观云海，你们曾一起实现过升职加薪的梦想，你们靠着自己的努力买了房子……

不攀比

婚姻中，盲目与人攀比，只会给你带来无穷无尽的烦恼。不懂得知足的人，总会对生活中的种种不如意耿耿于怀，他们活在别人的影子里，整日喋喋不休地抱怨个不停，这样如何能得到幸福？

在电影《耳朵大有福》里，范伟说道：“幸福就是，我饿了，看到别人手里头拿着个肉包子，那他就比我幸福；我冷了，看见别人穿了件厚棉袄，那他就比我幸福；我想上茅房，就一个坑，你蹲那了，你就比我幸福！”

在一部电视剧里，范伟又说：“幸福就是毛毛雨，舍得是福，知足才是最幸福！”

婚姻怎能被拿来攀比？想要得到幸福，首先要学会知足。而爱情最好的样子莫过于你们用超然的心态面对眼前的一切，纵然看尽世间繁华，依旧依偎在一起，全心全意地在乎着彼此。

毁掉婚姻的是日复一日的抱怨，而那些婚姻幸福的人，都有一颗知足常乐的心。生活中少一些欲望，多一些淡泊；少一些抱怨，多一些理解，幸福才会如影随形地跟着你。

4. 为什么夫妻到了中年以后，一开口就吵架？

电视剧《金婚》中有这样一幕，文丽见丈夫佟志下班后迟迟不回家，于是牵着儿子的手出门寻找。佟志徘徊在街头，看见有人在下棋，便走过去旁观了起来。文丽见到佟志的身影，顿时心生怒气。两人刚一见面，便在大街上吵了起来。儿子小宝贪玩，掉入了水沟，被文丽和佟志急急忙忙地送去了医院，在医院里，两人又歇斯底里地吵了起来。

一个说：“都怪你，这孩子现在是掉到沟里，这要掉到井里怎么办？我告诉你，小宝要是有个三长两短的，我跟你没完！”

一个怒气冲冲地回道：“你怨得着我吗！天快黑了，你没事带着孩子出来干吗啊？明明知道外头很乱，这幸亏是磕着碰着没大事，我告诉你，要是碰到坏人把孩子给我拐走了，我跟你才没完呢！”

文丽和佟志刚结婚时也很幸福美满，可人到中年后，他们的婚姻突然变成了一地鸡毛,两人一见面就各种找茬吵架,满脑子都是仇恨,让人唏嘘不已。

两个人一言不合就吵架,无非是某方面的需求没有得到满足。

对于很多中年夫妻来说,所有的激情都随风消逝,争吵几乎成为他们生活的全部主题。

之所以会这样,主要有三方面的原因。

(1) 身上担子重,生活压力大。

虽然人到中年,生活和工作相对而言都比较稳定,但满足感和幸福感却大大降低了。

拿佟志和文丽这对夫妻来说,佟志人到中年却一事无成,内心很是焦虑,挫败感如影随形。而文丽的痛苦也不比他少,家里家外大大小小的琐事几乎将她压垮,她一方面怀念青春时期自由自在的自己,另一方面对衰老有着难以抑制的恐惧,活得身心俱疲。

这对中年夫妻内心都积攒了太多的不良情绪,无从发泄之下,他们便成了彼此的靶子,家也成了唯一能够发泄的地方,于是他们一见面、一张嘴就容易吵架。

(2) 身体机能在下降,有的人早早进入了更年期。

身体处于亚健康状态,也会让你的脾气变得越来越暴躁。于是,伴侣的一举一动都让你觉得碍眼,你的耐心变差,经常为一些小事发脾气,和对方吵得不可开交。

(3) 说话方式出现了问题。

“你真是狗改不了吃屎”“这事都怪你”“你是猪啊,跟你说了多少次了,你每次都这样”……仔细回想,面对另一半的时候,你是否动不动就将这些话挂在嘴边?是否很少和另一半进行正常的沟通,却习惯了一开口就是翻旧账,要么用难听的话语去贬低对方的自尊心,要么肆无忌惮地指责对方的不是?一旦你们总是带着情绪去说话,争吵便在所难免。

改变说话方式

人到中年,更要懂得珍惜感情。为了避免将沟通变成“批斗大会”,一定要尝试着改变自己的说话方式。

首先,你要避免以“你……”为开头的句式,尽可能地软化语气。

生活中,哪怕是表达关心,可一旦用“你……”开头时,传到对方耳中,关心就变成了指责与讽刺。比如:“你怎么又感冒了?都怪你,让你多穿件衣服你偏不听。”当事人听了,恐怕会不由自主地想“怼”回去:“管好你自己吧,不用你瞎操心!”

其实,我们可以换一种表达方式,用“事件”当作主词,再附带着某种真实的感受,使得双方沟通的焦点由“谁的错误”“该由谁负责任”转变为“一起解决某种感受”。比如:“天气变得越来越冷了,你出门总是穿着单衣薄衫,我特别担心你会着凉。”“孩子又哭了,本来我想让你跟我一块过去看看,你却不理我,我真的无助又难受。”

使用平和的语气

采取合适的态度和语气,充分让对方理解你的感受,才是高效沟通的前提。有些人尝试着和另一半聊天,谁知一开口便是一连串的质问,而且总是摆出一副盛气凌人的姿态,可这样只会让对方误会你是在挑事。

比如,一位妻子见丈夫早早便起了床,便关心地问了一句。谁料丈夫口气很冲地回道:“你关心过我吗?没听到我昨晚说今天要开会?!”妻子听了顿时火冒三丈,两人你一言我一语地吵了起来,结果那一整天都变得很糟糕。如果换一种语气,丈夫心平气和地对妻子说:“我今天要开会哦,晚上争取早点回家。”妻子就不会火冒三丈了。

给予情感支持

情感支持是认可对方的感受,试图去接纳和理解对方的情绪和行为。比如当妻子抱怨自己因工作被领导批评了,你不妨给她一个拥抱,并附和她抱怨一下领导,让她觉得自己是被理解的。而不是评判或否定她的情绪和感受,像“你不该生气”“你这样不对”“你太无理取闹了”,这样会让她因为你的不理解而更加生气。

再比如,你深夜应酬归来,妻子可能会感到生气,因为她认为你将太多精力放在工作上而疏远了家庭。也可能会担心、害怕你应酬喝酒伤身体,甚至还掺杂着认为自己被忽略的情绪。如果她向你抱怨时,你劝她“应酬都是难免的”或者“这有什么可生气的”,你就错过了一个建立关系的机会。她的皱眉、抱怨背后的情感需求可能就是关心和爱。如果你安慰她说:“我知道你觉得我在家里时间太少,你希望我能多陪陪你,多关心你的感受。”她就能够产生被理解的感觉。

人到中年,承受着数不清的烦恼与痛苦。压力袭来的时候,唯有枕边人是你最值得信赖的存在。平时要关注自己的身心健康,抽出时间多多运动,这能有效地舒缓情绪,消解压力。更重要的是,夫妻之间,有话应该好好说,互相尊重着说,竭力赞美着说,而不是动不动就破口大骂。

5. 婚姻遇到问题，不是只有离婚才能解决

美剧《人人都爱雷蒙德》的主人公雷蒙德总是为家务的事和妻子黛布拉闹矛盾。妻子辛辛苦苦地忙活家务，照顾孩子，他却每天一下班就瘫在沙发上看电视。

每当雷蒙德逃避家务劳动的时候，弹幕上总会出现这样的评论，“真闹不懂黛布拉为什么不离婚，她根本就是丧偶式育儿”“和这样的男人待在一起，简直是噩梦，他们真应该离婚”……然而，黛布拉和雷蒙德缠缠绵绵了 10 季，关系始终牢不可分。他们的婚姻曾遇到各种各样的问题，却都被他们一一妥善化解。谁也不敢保证雷蒙德和黛布拉未来的生活一定会一帆风顺，但可以预见的是，哪怕出现再大的困难，他们始终会携手面对。

当代人一方面对婚姻的要求越来越高，另一方面却又懒得去经营婚姻。身边听到最多的声音是“大不了离婚呗，说不定下一个人才是真爱呢”。

如今离婚率一再攀升，中年夫妻过不下去就离婚的现象比比皆是。从某个角度来说，这相比过去确实算得上是一种进步。大家的眼界与观念都较为开放，而且都不愿意委屈自己，都有了说走就走的勇气。

可问题是，离开这段婚姻，下段婚姻就一定能给你幸福吗？离开这个人，下一个人一定会更适合你吗？

曾听过这样一段话，让人唏嘘不已：

“有一天我问奶奶，为什么现在的恋人不能像你们那代人走这

么远?奶奶对我说,那时候东西坏了我们只想着修,而你们只想着换。”

一对中年夫妻总是因为家庭琐事争吵,有一次,他们又吵了起来。冲动之下,男人提出了离婚,女人怒吼道:“离就离!”因为这场离婚,两人都元气大伤。男人离开了工作的城市,去了另一个地方从头开始。女人独自带着孩子,迟迟难以走出情伤。多年后,回想当初的选择,两人都深感后悔,可惜的是,时光无法倒流。

几乎每段婚姻都或多或少存在着问题。当问题出现时,理智的做法是夫妻二人携手应对,而不是将离婚视为唯一的出路。

其实,很多时候离婚非但无法解决问题,还可能带来很多新的问题。从经济学的角度来说,中年夫妻离婚的成本很高。当你们真的走到离婚的那一步时,你需要割舍的不仅是感情、家产、资源,还有孩子。为人父母,又有谁能狠心弃孩子于不顾?

《奇葩说》的舞台上,一位辩手说,作为离婚律师他曾接触过大量的离婚案。而离婚最残忍的不是分房子、分存款、分股票等,而是分孩子。当孩子被放在谈判桌上时,父母双方都很难说放弃。

当你产生离婚的念头时,想一想,离婚后你是不是会过得更好。割舍这段婚姻后,你需要远离原有的生活模式并适应新的人际关系,扪心自问,你是否拥有重新再来的勇气?

查找原因,解决问题

过不下去就一拍两散的婚姻观也许并没有错,但你有没有想过,你们为什么过不下去?你们也许为了柴米油盐而争吵,也许因为不同的价值观发生矛盾,但说到底,没有吵闹的婚姻是不存在的。

网上有一份名为《嫁给他，你后悔了吗？》的问卷调查，在短短几天里就收获了近4万份有效问卷，八成以上的受访人为女性，年龄主要分布在26—35岁之间，婚龄大概是1—7年。很多人以亲身经历证明，婚姻的"第一杀手"并不是小三，而是"双方失去共同语言，缺少亲密感"。也就是说，一些中年出轨更多的是在寻求支持、尊重及理解，因为他们在另一半那里得不到这些。

一位情感专家这样说道："离婚，只是两个人在没有办法达到彼此共融的前提下，选择分开的一种手段。放弃婚姻，并不代表婚姻内的问题就可以得到解决。真正有用的是，当你再次面对这种问题的时候，你能用更智慧更成熟的态度去面对和解决。"

共同努力，扭转危机

若感情出现裂痕，请不要用离婚来威胁和伤害你的另一半。你们要携手应对，想尽一切办法去扭转危机，摆脱困境。

美剧《婚姻危机》讲述了这样一个故事，汤姆和路易丝是一对中年夫妻，结婚15年后他们的关系陷入了低潮。汤姆失去了工作，面对一成不变的家庭生活，他颇感倦怠。路易丝则发生了一段外遇。意识到婚姻危机后，他们并未放弃彼此。

为了挽救这段婚姻，他们开始做心理咨询。每周去见咨询师之前，他们都会在一家小酒吧碰面，简单聊一聊。经过两个人的共同努力，他们的关系逐渐好转。

如果你们存在婚姻方面的困惑，或夫妻关系出现了问题，不妨寻找靠谱的婚姻咨询师的帮助，在积极接受心理咨询的过程中重建彼此的关系。好的心理咨询师会针对你们的心理状态，给出切合实际的建议，帮助你们包容和善待彼此。

需要注意的是,婚姻中发生任何矛盾,都不要将其他家人牵扯进来。如果你们找彼此的父母抱怨、诉苦,只会使原本很小的家庭矛盾愈演愈烈。任何时候都要保持从容、淡定,共同想办法去化解矛盾,才应该是成年人的做派。

6. 感情生活越是平淡,越需要仪式感

刚结婚时,他时不时地约她看场电影,过浪漫的二人世界,而她会穿上最美丽的裙子,精心打扮自己。结婚十多年后,他却连她生日是哪一天都不记得了,也懒得送礼物。他理直气壮地说,有多余的时间还不如加会班,多挣点钱给孩子换个好点的补习班。她渐渐不修边幅,并主张日子是过给自己看的,什么仪式不仪式的,纯属矫情。

为什么老夫老妻大多不在乎仪式感?只因结婚十几年,互相之间早就厌倦了。

有网友说,四十岁后,丈夫几乎没有做过一件让她感动的事,生活死气沉沉,平淡得让她绝望。可是,越是老夫老妻,日子过得越平淡,越需要仪式感来点缀。

德国作家洛蕾利斯亦曾向读者解释婚姻生活为什么需要仪式感:“有仪式感的人生,才使我们切切实实有了存在感。不是为他人留下什么印象,而是自己的心在真切地感知生命,充满热忱地面对生活。”

人到中年,我们终日处在“还贷”“养娃”的压力和阴影下,遇到

的问题越来越多,和伴侣之间的沟通却越来越少。疲于奔命的我们,早已忘了如何去向另一半表达关心与爱意。当生活被燥热的烟火气重重包围,被日复一日的平淡慢慢磨灭光芒的时候,仪式感便成了那一束冲破黑暗的“彩虹之光”和为这平凡日子增添温馨和惊喜的调味品。

中年夫妻需要仪式感,因为它能带给彼此一种被重视的感觉。马东曾说,心里有很多苦的人,只要一丝甜就能填满。生日的时候,他给你准备了一份礼物,在你毫无防备的时候默默递给你。你以为他忘了,在收到礼物的那一瞬间,你手舞足蹈,开心得像个孩子。礼物是否贵重不重要,他用心了就好。这一点,对于男人女人都一样。

仪式感是平凡生活的润滑剂,它并不一定意味着大海沙滩的极致浪漫,或者高级餐厅的豪华大餐。在平凡的生活中,仪式感是我们随手都可以营造的。

写情书

李银河曾说,遇到王小波,是自己一辈子的幸运,他是自己的甜蜜罐子。她感谢他带给自己的无数浪漫和美好瞬间,尤其是他写给自己的一封封炽热真挚的情书。当然,现在我们都不再拿笔了,但我们可以借助互联网来写。发一条肉麻微信,制作一个电子相册,拍一个秀恩爱的小视频发到抖音、快手。记录美好,同时,让另一半看到你对他的在乎和关爱。

认真过每个节日

刘嘉玲曾做客访谈节目《女人有话说》,她坦言,注重仪式感才能为婚姻生活保鲜,而美好的回忆都需要自己去亲手制造。她要求丈夫每个情人节都要给自己精心挑选鲜花和礼物。她会认真迎接每一个传统节日的到来,比如春节,她会和丈夫一起去置办年货。对她来说,认真过每个节日,注重仪式感,才能在特殊的日子里收获满满的幸福感。

制造小情趣

罗辑思维的联合创始人脱不花与伴侣之间有过约定,无论白天发生了什么,“每天晚上睡觉前一定要一起刷一部美剧,一刷泯恩仇”。她感慨道,生活正需要这样的小情趣。

比如,一位结婚多年的女性说,自己在家会突然向老公喊:“宝宝,接住我。”然后,飞奔过去,整个人挂在他身上,两个人对视一笑,爱意荡漾。

别把仪式感想象得多复杂,两个人约定好周末下午依偎在一起看一场电影,就是仪式感;每晚临睡前亲亲彼此的额头和脸颊,就是仪式感;下班后给对方一个温暖的拥抱,就是仪式感……仪式感藏在每个生活细节里,它定义了幸福婚姻的模样。

时光可以带走我们的生命,却带不走爱情中那些浪漫的细节和回忆。一时的惊喜和浪漫很容易做到,但坚持一辈子却很难。很多幸福美满的婚姻,都是将这份小小的仪式感,变成了生活中的烙印,温暖着彼此的心灵。

7. 世上没有永久的婚姻，只有共同成长的夫妻

《简爱》中有这样的一句话："爱是一场博弈，必须保持永远与对方不分伯仲、势均力敌，才能长此以往地相依相息。因为过强的对手让人疲惫，太弱的对手令人厌倦。"

《我的前半生》里，罗子君知晓了丈夫出轨的事实后，只顾翻来覆去地说："他说过要养我一辈子的……"

想当初，罗子君也是名牌大学毕业，毕业后做着光鲜体面的工作。沿着这条路走下去，想必她也能成为和闺蜜唐晶一样的职场女强人。然而，后来她因为家庭、孩子辞去了工作，专心做起了全职太太。人到中年，丈夫在职场上混得风生水起，罗子君却安于现状，变得越来越庸俗肤浅。

谁知有一天，丈夫陈俊生爱上了下属凌玲。让罗子君颇感委屈的是，破坏她婚姻的"小三"居然是一位离异女人，还带着个儿子，要长相没长相，要身材没身材，简直样样都不出色。

剧里有句台词，令人感慨颇深："婚姻是两个陌生人结伴而行的过程，婚姻里进步快的那个人，总会甩掉那个原地踏步的人。"夫妻之间的差距是何时拉开的？

大概就是在你全年无休，一天到晚围着丈夫、孩子转，没时间学习、思考，没时间进步，而你的另一半却将所有的精力都投注于事业上，回家越来越晚，跟你说话越来越漫不经心的时候。一转眼，你们结婚都十几年了，你的脸上爬上了深深的法令纹，腰上都是"游泳圈"。你的目光局限于家庭琐事，交际圈越来越窄，一切都

在走下坡路,而他却正逢事业黄金期,无论是精力、阅历都处于巅峰状态,浑身散发着成熟男人的魅力。

中年夫妻的差距有些时候是被动拉开的,有些时候是主动拉开的。就像是罗子君,当全职太太未必就是她一开始的梦想,想必她也曾有过事业上的追求,可随着时间流逝,加上十多年如一日的不思进取,她反而享受起了全职太太的生活。

很多时候,我们对婚姻中潜伏的危机都像罗子君一样后知后觉,或者是对现状过于自信。尤其是女人,觉得有了孩子,生活就会按照预定的轨道稳步向前。于是,很多婚前精致的女人婚后变得不修边幅,完全没有了未婚时的美好。

不要等到危机到来时才开始呼天抢地。最好的办法是坚持在婚姻中修行,提升自我,不要忘了曾经的梦想和骄傲。

共同成长的夫妻都有如下特征。

精神上共同成长

多年前,曾在报纸上读到过一篇关于杨澜的报道。

记者问杨澜:"你怎样看待婚姻呢?"

杨澜说:"我认为婚姻最坚韧的纽带不是孩子,不是金钱,而是精神上的共同成长。爱情有时候也是一种义气,不光是说这个人得了重病,或者他破产了你仍然跟他在一起。还有另一种是,当他精神上很困惑、很痛苦,甚至在你身上发脾气的时候,你依然知道他是爱你的。"

精神上的共同成长,首先意味着,夫妻之间始终能懂得彼此的"趣味"。

王小波的某篇小说中有这样一个情节,一位母亲对女儿说:

“一辈子很长，一定要找一个有趣的人在一起。你喜欢喝圣芝波尔多珍藏，我能品出酸甜隽永和干爽芬芳。”如果你们始终在同一个频道上，你们会越来越深刻地认识到彼此有趣的地方。

精神上的共同成长还意味着夫妻双方的三观、品德修养始终相契，且步调一致，始终能保持同一个生活目标，共同学习，努力成长。你不断前行，我紧随其后，我们始终形影不离，思想和精神都处于同一层次。于是我们变得越来越默契，婚姻也越来越牢固。

身份上的共同成长

家是一个密不可分的整体，夫妻二人分工不同，你负责在外征战，我负责貌美如花，也未尝不可。结婚后，尤其是有了孩子后，你们的身份发生了巨大的变化：

你是丈夫，同时也是父亲、女婿、姐夫……

你是妻子，同时也是母亲、媳妇、嫂子……

不同的身份，有不同的责任和义务。如果你们随着年纪的增长，心态上却仍旧停留在原地，不肯适应新的身份模式，就必然无法面对婚姻生活的琐碎与平淡。

中年夫妻在面对全新的身份时，需要携手努力，共同成长。而成长的最佳时期莫过于生完孩子后的那段时间。一旦体验了为人父母的生活，你们的心态便再也回不到从前了。只要你们迅速适应新身份，始终保持着同频共振，彼此间就会变得越来默契。

在夫妻双方共同成长的过程中，每一天都充满着惊喜。你的变化让他吃惊，他的成熟也将带给你无限的安全感和满满的希望。

第五章

一边怕猝死一边熬夜，干掉保温杯里的枸杞水

1. 高质量的睡眠对中年人到底有多重要？

无数中年人正深受睡眠障碍的困扰。

有的人每每深夜躺在床上的时候，都好似陷入欲望的深渊，翻来覆去怎么也睡不着；有的人被房贷、车贷、孩子的教育经费压得喘不过气来，根本无法进入深度睡眠的状态；有的人拼命熬夜加班，宁愿透支身体也不敢多睡……

中年人为什么睡不着？只因中年人面临的压力是最复杂最沉重的。一位男性朋友总是说，每晚躺在床上的时候，他一想起种种烦心事，就苦恼得睡不着觉。

作为公司骨干，他要面对诸多令人头疼的人际关系，同事间的分歧，上下级的隔阂，都需要他来协调。而最让他恐惧的，是来自年轻人的冲击，唯有不断学习，极力压榨自己，才不至于被社会所

淘汰。作为家庭的主心骨，他既要扮演丈夫的角色，又要担负起父亲的责任，更要承担儿子的义务，多重角色的转换令他痛苦不已、疲惫不堪。他时常处于紧张、厌烦、焦虑的状态中，失眠也就成了生活的常态。

无论是不敢睡的人还是睡不着的人都挣扎在崩溃的边缘。

美国斯坦福大学的威廉·迪蒙特教授曾提出"睡眠债"的概念，他说，每个人身体里都存在一本"睡眠账"，如果睡眠不够充足，身体就会自动记下这笔账。比如，如果你的身体需要 8 小时睡眠才感到满足，但你每天只睡 5 个小时，那么一周下来你就欠下了 21 个小时的睡眠债。

威廉·迪蒙特教授警告世人，千万不要低估身体的记账能力。这一路走来，我们欠下的所有的睡眠债，都要用生命去偿还。

人到中年，我们根本就熬不起。

李开复曾心有余悸地说，他差点死于睡眠不足。年轻的时候，他很不注重睡眠。读大学期间，每到考试前夕，为了保持精力，他会连续喝下十多杯咖啡，然后通宵看书。后来，咖啡不管用了，他就吃咖啡因药丸。最夸张的是，他曾连续两个晚上不睡觉。

进入职场后，每晚熬到凌晨两三点是常态，且经常与朋友比拼看谁熬得更晚。多年来，他平均每天睡眠不足 5 小时，且睡眠质量奇差。谁知 2013 年，一个晴天霹雳袭来，52 岁的他患上了癌症。这时候，他才意识到，以往的作息状态对自己的身体究竟造成了多大的伤害。

长期睡眠不足首先会导致抑郁情绪加重。心理学家分析说，失眠人群的抑郁症发病率远远高于正常人。而我们在与失眠做斗争的过程中，会消耗大量的心理能量。

长期睡眠不足的人罹患癌症和心脑血管疾病的概率极高。睡眠时间低于6个小时的人,记忆损害相关蛋白沉积率将成倍增长,除了记忆变差外,更有罹患老年痴呆症的风险。

睡个好觉,对中年人而言有着超乎想象的重要性。保证充足的睡眠能增强身体的抵抗力和免疫力,能降低心脏的负担,有效促进人体血液循环,预防各种疾病。

高质量睡眠能消除大脑疲劳,增强大脑记忆力和反应能力。研究显示,相比那些试图凭着几小时睡眠和大量咖啡完成一天工作的人,有好睡眠的人头脑更清楚、思维更敏捷、创造力也更强。亚马逊集团创始人杰夫·贝佐斯说:"良好的睡眠习惯让我反应更灵敏,思维更清晰。如果有了8小时睡眠,我一整天都感觉好多了。"

不重视睡眠的人都是在策划一场"慢性自杀"。很多人也意识到了这个问题,但让他们苦恼的是,人到中年,却再也没有那么好的睡眠了。哪怕他们专门挤出时间去睡觉,却总是睡不着。就算睡着了,也总是做各种奇怪的梦,人醒来后格外疲惫。

如何提高睡眠质量?

作息规律

我们要进行一个长期的训练,养成规律作息的习惯。比如,给自己规定好大致的入睡时间和起床时间,哪怕周末的时候也要坚持遵守。偶尔哪一天晚上睡得很迟,第二天早上也要尽量在固定的时间起床,慢慢让自己的身体形成"生物钟"。

加强床与睡眠之间的关系

戒掉赖在床上看手机、追剧的坏习惯，更不要在床上吃零食。你要告诉自己，床就是用来睡觉的，只有困的时候才能上床睡觉。如果你醒了，最好及时起床，不要赖床。总而言之，尽量减少醒着躺在床上的时间。

睡前仪式

另外，入睡困难的人不妨在睡前建立一套“仪式”，比如洗个热水澡，听一段舒缓的音乐，或者冥想 20 分钟等。但要注意的是，睡前不要做剧烈运动或吃太多零食，不要看容易让自己精神兴奋的书或视频，也不要借助酒精等来助眠。

窦文涛曾深受失眠困扰，他听从医生的建议，每晚喝一杯红酒帮助自己入睡，但不久后他就崩溃了，只因“这是个不归路，你今天喝一杯睡着了，明天就得喝两杯”。

中年人是家里的中流砥柱，只有保证自己的身体健康，才能保证家庭的正常运转。

2. 二斤白酒是标配的酒局，正在摧毁你的健康

2019 年新年前夕，两条新闻刷爆朋友圈。其中一条新闻的主角是个青年小伙，另一条新闻的主角则是个中年男子，他们岁数悬殊，却都有着类似的不幸遭遇：他们都是在参加年会的时候，因为

猛灌白酒而导致胃出血、酒精中毒,更因此失去了宝贵的生命。很多网友不禁叹息,真不知道他们喝下去的是酒还是致命的毒药!

刷知乎的时候,看到一个问题:“临近新年,你最害怕的是什么?”有个网友的回答赢得了最高赞:他最怕年会酒局。其实,他怕的并不是酒,而是畸形的酒桌文化。

然而,身边一些中年男人最热衷的事情却是从一个酒局赶往另一个酒局。在他们看来,没二斤白酒,根本谈不成事情。工作上的应酬、情感上的交流都需要酒作为媒介,而婚丧嫁娶更缺少不了一场场热闹的酒局。对于另一群中年人来说,参加酒局却成了他们最害怕的事情。酒桌上看似言笑晏晏、推杯换盏,其间却暗藏着诸多“刀光剑影”,叫人身心俱疲。

每次参加酒局,饭菜没吃多少,酒却没少喝。热辣的酒精刺激着胃黏膜,你难受得双眼通红,却不得不打肿脸充胖子,一杯又一杯地猛灌自己。每次曲终人散后,你都不禁苦笑,自己的身体只有自己会心疼,别人跟你称兄道弟,劝烟劝酒时却从不口下留情。

在世界卫生组织发布的《全球酒精与健康报告2018》中,中国人被严厉批评,中国饮酒率达到48%,45—59岁年龄段更是饮酒的重灾区,饮酒率达到62%,中国每年因酒精造成的死亡人数有70万之多。

美国作家何伟对中国的酒桌文化印象深刻,他描述道:“喝酒不是为了放松休息,它经常是竞赛性质的,通常会用到白酒,相互敬酒,一口干掉,而这种饮宴很有发展为恃强凌弱的倾向,参与者相互刺激。”在这种畸形的拼酒文化下,无数白衣少年浸润在酒场里,渐渐变成了大腹便便、油腻无比的中年人。

人到中年,就不必在酒场上逞英雄了,不能喝、不想喝的时候,就学点周旋之术吧。

表明立场

表明不喝酒的立场,如果用“我不会喝酒”或者“我不能喝酒”是不足以取信于人的,他们该敬还是会敬你。但如果你当着大家的面,让服务员给自己的茶杯斟满果汁,并要求她将自己的酒杯撤掉。那么大家就既清楚你不喝酒,也无需你再解释什么了。同时,你面前没有酒杯,自然不会有人给你斟酒。

万事开头难,但只要你坚持住这一次,从此大家便都熟悉你的习惯,也就不会再向你劝酒了。

学点拒酒词

如果你没有机会在饭局开始前表达自己不喝酒的立场,已经有人开始给你敬酒了,下面这些拒酒词,你会用得到。

要好的朋友会说:“酒逢知己千杯少。”你真诚地说:“咱们的兄弟情是在心里,在这儿(捂住胸口),不是在这杯子里(指一指杯子)。”

豪爽的朋友会说:“感情深,一口闷。”你可以说:“如果咱俩的感情就这么一口闷没了,那还做什么兄弟,我们要做长久兄弟,应该来个细水长流。你说对吧?”

比你年龄小的朋友可能会说:“酒是粮食精越喝越年轻。”这时候你可以装成“妻管严”:“出门前老婆有交代,少喝酒多吃菜。”

面对喝酒不要命的主儿,我们必须保持头脑冷静,不妨扯开话题,将矛头转向别处。还不行,你就说:“你不心疼哥们儿?我敢喝酒?你嫂子还在家等着我跪搓衣板呢。大过年的,还是少喝点吧。”

人到中年,啤酒肚已经那么大了,能少喝点就少喝点吧。偶尔约上几位知己好友,喝上两杯,是情调。那种吆五喝六、猜拳吹牛的酒局,能推就推吧。

3.“过劳死”距离你有多远?

上有父母,下有子女,人到中年最怕的莫过于病魔的侵袭,死神的威胁。当身边的人连连遭遇健康危机时,我们才知道,这世上除了生死,其他都是小事。

好友告诉我,她的一位同事有一天早上上班挤地铁时突发急性心肌梗死,还没来得及送去医院,人已经不行了。好友叹息着说,那位同事才刚过 35 岁,就这样撒手人寰,留下一屋子老小,大宝五岁,妻子刚刚怀上了二胎,父母白发人送黑发人,眼睛都哭瞎了。

年轻的时候,从来没有认真考虑过“死”这个字。到了中年,忽然发现“猝死”这个词出现得越来越频繁,于是,我们也越发害怕生病,害怕死亡。因为,我们心中放不下的事情太多,牵挂着自己的妻儿老小。

牵挂有多少,压力就有多大。不是不懂健康的重要性,也不是不知道养生的知识,但谁不是一边害怕猝死,一边熬夜加班。

最疯狂的一次加班,是连续两天奋战到凌晨五点,项目组催着要计划书，只好窝在办公桌前奋笔疾书，饿了就点外卖，渴了就喝红牛兑咖啡，硬生生熬了下来。

互联网这一行业加班本就严重，奋战到凌晨是常态。同事青柠加起班来没日没夜，朋友劝她悠着点，她却说："我从农村走出来不容易，小时候每年上学学费都是借的，如今有平台有机会有人脉，当然要好好挣钱。不为别的，就是希望自己能在这个城市扎下根，自己的下一代能活得更从容一点！"

别的同事问道："你就不怕猝死啊？"

她无所谓地说："我才30多岁，还能拼几年呢，轮不到我的！"

或许很多人都这样想，自己还很年轻呢，哪那么容易猝死？事实呢？

2019年，工程师齐智勇猝死的消息刷爆了朋友圈，他是两个孩子的父亲，亦是全家唯一的顶梁柱。为了给一家人更好的生活，他从2017年1月到2018年10月，连续22个月都在国外工作。他是个很拼命的人，即便是节假日也会留在客户处值守，轻易不肯休息。出事前两天，他一直在通宵工作。事发当天，他和客户开完会后，驱车赶回住处，中途突然觉得头疼欲裂。失去意识后，他被同事送去了医院，经过12小时的抢救，医生还是没能挽回他的生命。他的妻子悲痛欲绝地说："我的小家，从此破碎了……"

理想很丰满，现实很骨感，我们总有还不完的信用卡和蚂蚁花呗，所以注定关不掉电脑，丢不了工作。总有人侥幸地想，没事，再苦再累都是为了更好的明天，我多努力一点，就能多挣一点钱。

谈到猝死这个问题，38岁的董先生说，每次看见猝死的新闻，自己心里总是默默发誓，从明天起再也不熬夜了，但是新的工作到来,照样会无所畏惧地熬夜加班。不努力,难道等着被淘汰吗?

职场竞争残酷无比,优秀的年轻人层出不穷。作为中年人,时刻都充满了恐慌感,如果今天少加点班,明天就可能被那个有着名校背景的年轻副手取代,一堆有实力有冲劲又努力的年轻人虎视眈眈地盯着自己的职位,不拼命怎么能行?

但丁在描述地狱中的魔鬼遭受酷刑时总强调“不停留”“无间断”等字样。可见,“不停留”“无间断”本身就是一种酷刑。如果别无选择,那请你至少明白,如果哪天死在办公桌上,那真是世界上最憋屈的一种死法。中年人,除了拼命,还有什么选择?

懂得拒绝

你要弄清楚你为之拼命的事是不是真的值得你为它拼命。如果不值得,干脆就放下,不要让自己为了一点不起眼的小事而付出过高的代价。即使遇到一些必须解决的事,也要学会寻求外援,集思广益,找别人一起分担,不要把所有问题都自己扛。

小憩一会儿

会工作的人,一定会休息。大多数动物都有一种生活习性,在它们觉得需要的时候小睡一下,不论是在白天或夜里。爱因斯坦把小睡列为他一天例行事务中的一部分,爱迪生和丘吉尔也有小憩的习惯,小憩能帮助他们应付繁重的工作压力。午睡并不是什么时候都可以做到的,如果可能的话,花几分钟小憩一下,之后你就能振作起来,提高工作效率。

无论多忙,都要让心灵和身体小憩一会儿。人到中年,肩膀上负担越重,越要懂得劳逸结合。

怀有闲情逸致

作家汪曾祺曾说:“一个人不能从早写到晚,那样就成了一架写作机器,总得岔乎岔乎,找点事情消遣消遣,通常说,得有点业余爱好。这些年来我的业余爱好,只有:写写字、画画画、做做菜。”

对于做菜,汪曾祺总是兴趣盎然。每到一个新地方,他最爱逛的地方都是菜市场。他认真地洗菜、切菜、炒菜,全程站着,颇感轻松。他经常说,成天伏案工作的人,时而改换一下思维,变换一下身体的姿势,对于工作都是大有裨益的。

陶渊明曾说:“勤靡余劳,心有常闲。”意思是说,辛勤劳作,不遗余力,但心中也总怀有闲情逸致。

不着急

做任何事情都不要着急。很多人在面对一大堆工作的时候,都会急得不得了,所以就要求赶赶赶,最后自己受了累,效果也不见得多好。

另外,即便到了中年,我们也不要看别人换了豪车、大房子而把自己逼得更紧。记得俞敏洪曾在一个节目中说:“如果我什么都比不过,我就争取比你们活得久。”这真的不是阿 Q,也不是自我放弃,而是参透死亡、领悟生命的大智慧。

那些废寝忘食、夜以继日工作的人都是在跑短跑,并不值得羡慕。真正有本事的人懂得细水长流,跑的是马拉松。

4. 开始健忘? 当心中年"脑力危机"

一位女性朋友苦恼地说,她又一次将钥匙遗忘在家里了,不知道怎么了,最近总是丢三落四的。最好笑的是,她经常手里拿着手机,却四处转悠着找手机。那一次,她在厨房里煲了点银耳汤,转头就把这事给忘了,等想起来的时候才发现汤水都熬干了。她苦笑着说:"我刚过 38 岁生日,这么健忘,莫不是老年痴呆症的前兆?"

迈入中年,不光身体变得臃肿,脸上的皮肤变得松弛,连记忆力也跟着一落千丈。

想当初 20 岁出头的你正值事业打拼期,你总是为自己惊人的记忆力和反应能力感到骄傲,然而一过 35 岁,你发现自己变得健忘起来,经常想不起电脑的登录密码不说,还总是记不起熟人的姓名,或话到嘴边时词不达意……

有专家提醒道,不要动不动就给自己扣上老年痴呆症的帽子,中年人开始健忘,其实有诸多原因。你有没有发现,自己在疲劳、失眠的情况下特别容易忘事?当代中年人生活在竞争日益激烈的社会环境中,身心长期处于疲劳状态,这很容易诱发种种慢性疲劳综合征。

35 岁的肖岩从事市场营销方面的工作,某段时间他感到自己的记忆力衰退很多。为此,上司、同事都对他有了意见,他自己也是有苦说不出:"最近经济不景气,公司有了裁员计划,我业绩连连下滑,恐怕下一个走的就是我了!”他每天吃不好睡不好,记忆力变得越来越差。担心自己生了什么怪病的他跑去医院检查,医生却说他是因为精神焦虑、长期睡眠不足、脑耗氧量太大等引起了记忆下降。肖岩这才松了一口气。

记忆力衰退还有一个很重要的原因是,很多中年人过度沉迷于手机、iPad 等电子产品。

想必你也有过这样的体验,捧着手机,一会儿看看微博上的搞笑图片,一会儿看看抖音上的视频,一会儿又跳到知乎上看起了网友的评论……信息碎片化时代的到来,让人的注意力变得越来越分散。而且,很多中年人长期使用手机记事本去记录重要事件,去规划一天行程,缺乏记忆锻炼,使得他们的脑子变得越来越不好用。

相比那些动不动就嚷嚷着自己记忆力坏完了、脑子不够用的中年人来说,很多老人反而保持着充沛的精力,始终思维清晰、智力超群。拿钟南山院士来说,当年非典肆虐时,67 岁的他坚守在第一线岗位上,像一名骁勇的战士,令人敬佩不已。

非典之后,每逢国内突发重大呼吸道传染病时,他都挺身而出,主动承担责任,积极推动公共卫生应急体系的建设。2020 年,新冠病毒爆发后,84 岁的钟南山始终奔波在第一线。他健步如飞,思维清晰活跃,不比任何一个年轻人差。

前些年接受采访的时候,钟老曾说:“我觉得我没有什么,所谓的年纪大了,记忆差什么的,我没什么感觉。”

很多人将自己记忆力差归咎于基因不好或年纪大了,事实并非如此。我国著名的桥梁学家茅以升 70 岁时还能背诵出圆周率小数点后100位；我国神经外科的奠基人之一任祖渊教授85岁时还在坚持学习学科发展的最前沿知识，并且记忆力超群。

这些优秀的老人用自身经历向我们证明，中年人所谓的健忘是可以改善的，只要秉持健康的生活态度，缓解情绪，注意休息，同时用正确的方法去刺激、训练记忆力，哪怕80多岁的老人也能保持睿智清醒的头脑。

很多中年人因为工作忙经常不吃早餐，这对记忆力有着巨大的伤害。平日里，我们的生活节奏越快，越要规律饮食。记得多吃一些新鲜蔬菜、瓜果和富含蛋白质的食物来增强脑营养，而含有较多的重金属成分的食物则不宜多吃，比如皮蛋、爆米花等。

运动健脑

有专家推荐说，中年男女可以时不时地进行一些"脑部有氧运动"，来锻炼自己的大脑。比如，尝试着记住一些日计划、周计划，而不要过度依赖手机。每个月都花心思去调换家里的布置，尝试将家里装扮一新，这能给我们的大脑带来更多新鲜的感觉。

乐器、游戏健脑

空闲时间里，我们还可以学习一门乐器，或玩玩桥牌、魔方等益智类游戏。总之，不管是生活、工作还是休闲娱乐，都可以给自己制造一些变化，留下一段全新的经历。

交际健脑

为了保持大脑健康，我们要多多与人接触。研究显示，独居会致使大脑衰老程度加剧，而保持积极的社交关系却能对我们的大脑形成良性刺激，保护脑功能。

给大脑“排毒”

我们还要定期地给自己的大脑“排毒”，如多看一些幽默电影和书籍，让自己时不时地开怀大笑。听一些舒缓的音乐，时常做一些冥想活动等，都能有效地舒缓情绪。

健忘症原本是一种老年病，如今却成为中年脑力危机的缩影。但是，对于中年人而言，某些健忘症状都是暂时的、可逆的，只要科学用脑，注意休息，就会恢复如初。

5. 承认吧！你已经过了胡吃海喝的年纪

人到中年，生活总有很多不如意，唯有豪迈地大口吃肉，任性地大口喝酒，才能生出一股人间值得的幸福感。

对于已经在美食的路上狂奔了多年，对各路吃食都有所了解的中年人来说，没有什么烦恼不能靠一顿美食来解决。如果一顿解决不了，那就两顿。心情不好的时候去泡吧，心情好的时候去吃火锅。

30多岁的阿希离异后一直单身，她不好意思向身边幸福的人诉苦，酒和美食成了她最温暖的慰藉。喝得微醺，就会变成一个连自己都不认识的人，说真话，大声哭，尽情地放纵自己。酒醒后寂寞袭来，就撤下酒精，换美食登场。她会吃很多很多东西，以转移注意力。当肠胃经历了一场大洗礼,人似乎也经历了一场洗礼。专注于忧伤的细胞都去助攻食物了,感觉内心轻松了不少。

但是,时间久了,肠胃就开始闹脾气了。比如,吃完一次烤肉,得吃三天的健胃消食片,才能让肠胃恢复正常。可到了下次,依旧照吃不误。

阿希就这样放纵自己沉迷于口腹的短暂欢愉,消解着此起彼伏的忧伤和寂寞。直到身体愈来愈胖,直到因为肠胃炎住进了医院,她才认识到毫无节制地释放食欲带来的痛是多么深。

吃对于人类来说是一种天性,是我们很难克服的"原罪"。七宗罪中,暴食也在其内。但是,除了极少数狂吃不胖的幸运人士,多数人摄入的过量高脂肪、高能量的食物都转化成了身上白花花的脂肪。再加上,步入中年后,身体各部分机能都在下降,肠胃功能也开始退化。如果继续胡吃海喝,不知节制,胃就容易出毛病,轻则引起消化不良,重则导致胃炎、胰腺炎、高血脂等。

吃货的最高境界是节制,而非放纵。这种节制换来的不仅是更健康的身体,还有对美食更美好的体验。

对吃的节制体现在两个方面。

量的节制

中年人,肠胃蠕动功能下降,吃太饱会出现胃液不足,导致消化不良。虽然吃撑的感觉并不好,但我们还是容易不知不觉就吃撑了,这很大程度上是吃得过快导致的。所以,要有意放慢吃的速度,在吃饱之前就要学会停止进食。因为我们的胃是有伸缩能力的,如果每次都吃撑,就会把胃给撑大,以后就只有吃更多的东西来满足自己的胃口。

每餐控制在七八分饱是最好的状态，俗话说："饭吃八分饱，少病无烦恼。"且有研究发现，如果时常保持两分饥饿，有助于增长20%—30%的寿命。

俄国大文学家托尔斯泰，虽然身患各种疾病，但他活到了82岁。他不仅是个文学巨匠，还是有名的养生学家。他的最重要的一条养生经验就是，每餐只吃八分饱。无论面对什么样的山珍海味，美味佳肴，他都坚持八分饱便放下筷子。

另外，进食过量会导致肠胃血液增多，大脑供血被迫减少，长期下去就会引起记忆力下降，思维迟钝，大脑早衰。

口味的节制

麻辣咸甜，重口味总能让人吃得酣畅淋漓，以至于很多人每一餐都需要来点重口味，否则就食之无味，难以下咽。但是，长期吃重口味的食物，对于身体的危害也是很大的。比如，饮食过咸会给肾脏带来很大负担，引起肾脏疾病。同时，日常摄入盐多过，也会引发钙质流失，使骨骼变薄、变脆。还有研究显示，摄入盐过量，会加速人体认知能力的退化，导致记忆力下降，工作效率变低。再比如，经常吃甜食易导致肥胖、糖尿病。

当然，如果让一个已经习惯了暴饮暴食的人立即变成一个饮食节制者，也是很不现实的，这需要慢慢调整，让身体有个适应的过程。有时候，过度压抑自己反而会造成食欲井喷式增长。比如，靠每天吃一个苹果减肥成功的人，不出一个月就又恢复了"原形"的案例比比皆是。

不要对着一桌子美食，企图通过念魔咒来抵抗诱惑力。如果有这种魔咒,天下就没有胖子了。最好的方法是转移注意力,如去唱歌、爬山、逛街、旅游,总之要让自己远离美食所在的地方。想要将这一方法发挥出最大的作用,你先得了解自己在什么情况下最容易被食物俘虏,再找到最适合你的转移注意力的方式和渠道。

除了暴饮暴食,还有很多种庆祝开心、消解压力的方式。为了健康,中年人该狠下心来节制美食了。

6. 中年人的逆袭,从管理身材开始

每次同学聚会,你会发现有越来越多英姿挺拔的身影加入到了"大肚子"行列,成了名副其实的大腹便便的中年人。他们心照不宣地不再谈论梦想,眼睛里也早就没有了年少时飞扬的神采,再加上一脸认命的表情,看起来比实际年龄还要老上几岁。

那个曾经踌躇满志、元气满满的年轻人是什么时候开始放弃自己的?大概是从发胖之后开始的吧。低头看不到脚,爬三楼就得中场休息,跑300米就喘粗气,想起曾经在篮球上挥洒几个小时汗水的样子,恍然觉得时光荏苒。

有人叹息:"我平时吃的东西也不多啊。"明明吃的东西很少,却还是没有拦住随着年纪增长,不断往上飙升的肥肉。真的是"人到中年,连喝口水都会发胖"。

发胖不是因为吃的多,而是因为代谢率减弱。

很多事情随着年龄的增长以及经验的积累而渐入佳境,代谢率却是个例外。研究显示,人体的基础代谢率从25岁开始就逐年减弱,40岁往往是代谢能力急剧崩坏时期,有人甚至从30岁就开

始被身材走样所困。

而现代人的生活习惯也是发福的罪魁祸首，多吃少动，上班坐椅子，回家坐沙发，导致脂肪大量囤积在腰腹部位。再加上压力大、熬夜、荷尔蒙失调，以及没事就来一顿大餐犒赏自己的行为，中年自然就和啤酒肚成了标配，曾经的翩翩少年在发福的道路上一去不复返。

中年发福是一种的生理反应，但并不是谁也逃不掉的宿命，更不应该被视为理所当然。中年男人没有理由因为肚子摸起来温暖有安全感而从不提减肥，女人也不应该因为生了二胎，仗着老公说的“我不嫌弃你”而放弃自己的身材。

自律

小S说过：“一个女人如果连自己的体重都控制不了，何以掌控自己的人生！”

无论是女人还是男人，但凡过了一定的年龄，不自觉地就沾染上了一种“人到中年”的油腻。太多人被庸碌的生活所俘虏，渐渐变成了面目浮肿、膀大腰圆的女人和肠肥脑满、大肚便便的男人。这不只是岁月流逝的痕迹，更是我们的不自律造成的。

可以说，自律不自律，最直观地体现在你的外貌上。

你有多自律，就有多好看。年轻时，身材和面容来自父母；30岁之后，稍微松懈一点点，皮肤就垮了下来，身体也肿了起来。我们身上的每一寸赘肉，都是向慵懒生活妥协的结果。

激励自己

为了管住嘴，我们还可以给现阶段的自己一个小小的激励目标。比如坚持清淡饮食，如果已经连续进行了两个礼拜，可以小小地放纵一下，出去吃顿大餐，或者一个人独享一大块美味蛋糕。

给自己找一个瘦身的榜样，可以是电影明星，也可以是身边的减肥达人，时刻不忘暗示自己：既然她们可以做到，那我也可以做到，无非是少吃一口……

身材是一个人行走的名片，越是人到中年，越是要注重自己的身材管理。它不仅在向别人传递你的修养、内涵和阅历，同时也在告诉别人你的自律和节制。就算不会因为瘦下来而逆袭人生，但至少机会会多一些。

7. 那个不懂爱自己的中年人，后来怎样了？

姜文曾说："中年是个卖笑的年龄，既要讨得老人的欢心，也要做好儿女的榜样，还要时刻关注老婆的脸色，不停迎合上司的心思。"

中年人，为了生计，为了父母，为了孩子，为了房贷车贷，不停地与生活周旋。中年人的世界，睁开眼都是需要努力付出去珍惜爱惜的对象，却唯独少了自己。

在电视剧《小欢喜》中，刘静是个好妻子，为了支持丈夫的事业，跟随丈夫四处奔波。为了融洽父子感情，她经常充当和事佬，一边劝解丈夫，一边抚慰儿子。为了这个家庭，她付出了太多太多。但就是这样一个好人，却得了癌症。即便是在医院做手术，她还怕影响丈夫工作，影响儿子备战高考，假装出差。

但从另一个角度看，刘静并不是一个好女人。因为她不够爱自己，没有把自己当回事，进而让自己病了，让这个原本正常的家脱轨，陷入困境。

这么说，也许不近人情，但事实就是如此。

单身的时候，父母年轻，自己一个人自由自在，想怎么折腾就怎么折腾。可到了中年，父母老了，孩子尚小，自己成了顶梁柱，如果你不爱惜自己这个顶梁柱，导致顶梁柱倒了，波及面就广了，整个家都得遭殃。

晓燕是两个孩子的妈妈，平时最怕孩子生病。后来有一次，她老公出差，她带俩孩子在家，夜里忽然肚子疼。疼得她大汗淋漓，在床上翻来覆去，却不敢出声，怕吵醒熟睡的孩子。她艰难地挪到沙发上，紧紧抱着靠垫，以求缓解疼痛，但始终不见好转。

她想去医院，可是孩子夜里在家怎么放心？只好咬牙坚持等天亮。那一刻，她怕极了，怕自己万一有个好歹，孩子怎么办？

所以，人到中年，一定要足够爱自己，把自己照顾好，就是对全家最大的贡献。只有我们自己健健康康，活蹦乱跳，这个家才能平稳向前。

不抗病

很多人到了中年都成了付出型人格，凡事都先考虑家人，孩子、老人，而对自己身体的异常却毫不在意。背疼了贴片膏药，胃疼了吃点胃药，头疼了吃点止痛片，甚至很多时候连药也不吃，觉得扛一扛忍一忍就过去了。相信这是不少中年人的生活常态。

其实,有时候头疼、背疼、胃疼等症状都可能是身体发出的预警信号,敷衍了事只会把小病拖成大病。

感觉不适就要立即就医,不要不在意,别等到病倒的时候才幡然醒悟,拿健康换钱是多么愚蠢的行为。

买保险优先大人

只关注孩子,忽略自己,是本末倒置的做法。比如,很多人都会给孩子买巨额保险,却舍不得给自己买一份。想想,如果孩子病了,还有你可以依靠,可如果你病了呢?依靠谁?难道能依靠未成年的孩子?中年人应该明白,我们是家里的经济支柱,是孩子最大的保障,如果我们自己都没有保障,那拿什么来保障孩子呢?

散步和跑步

适合中年人运动的项目,最简便易行的是散步和跑步。

散步,开始可步行300—500米,不计时间,之后慢慢将距离延长到500—1000米,最好每天走1—2次,持续1—2小时。

跑步,开始每分钟可跑90—100步,每天10—15分钟,之后逐渐增加到每分钟120—130步,每天30—60分钟。

其他项目,如游泳、太极拳、骑自行车、划船、溜冰等也适宜中年人参加。

定期体检

不要对自己的健康过于自信,认为自己根本不会生病。很多人几年都不去医院,据统计,有80%的重病患者承认,自己是长期不去医院，小病误成大病，等到心脏病、脑出血等病发作时才不得不去医院，贻误了最佳治疗时机。故每年例行体检是保持健康的最好方法。

体检是一个非常好的保持健康的习惯，无论是中青年还是老年人，也不论是体力劳动者还是脑力劳动者，最好每年做一次体检，重要的是要保持体检的连续性，不要中断，以便及早发现高血压、高血脂、糖尿病，特别是隐性冠心病，做到防患于未然。

人到中年，就像是一辆跑了几十万公里的旧车，再不好好保养，就跑不动了。万一抛锚，车上的老老小小怎么办？好好爱惜自己的身体吧，像关心工作那样关心自己的健康，把自己保养好了，才能带着全家人看到更美的风景。

第六章 谁没有在深夜崩溃过？中年的强大是学会暗自疗伤

1. 崩溃式辅导作业，你发飙了吗？

多少人表示，毁掉一个中年人最简单的方式，是让他给孩子辅导作业。在因为疫情延长的寒假中，更有家长发出“再不开学，我就要疯了”的怒吼。

2020 年 3 月 3 日晚，一位中年女子跳河轻生。被消防人员解救的时候，她泡在冰冷刺骨的水里，哭到绝望。事情的起因，竟然是因为孩子的作业。原来，她在给孩子辅导作业的时候，孩子不听话和她吵了起来，她一气之下，冲出门外，晕晕乎乎地跳进了河里。

哪个当父母的没有一把辅导作业的辛酸泪？

一位平日里高高在上、两耳不闻家务事的爸爸在辅导作业时，被气到称儿子“哥哥”。

一位父亲在教孩子写作业的时候没控制住情绪吼了起来，深夜整个小区里都回荡着这位父亲的咆哮声。

有夫妻因为孩子作业的事情大打出手……

更有妈妈因为给孩子辅导作业时情绪太过激动，突发脑出血被送往医院抢救。

有网友总结：陪娃写作业只有两个结局，要么被气死，要么被气成精神病。连韩寒都曾调侃道："每当你感到骄傲自满时，就去帮正在上小学的孩子辅导一下作业吧，你会宁愿复读十年的。"

继"丧偶式育儿""诈尸式育儿"之后，爸妈让未来"亲家"把娃接走的"甩锅式育儿"逐渐兴起。

中年人怎么也不会想到，自己在职场上摸爬滚打多年，自诩扛得住老板的苛刻，拿得下刁钻的客户，却偏偏在辅导作业上束手无策，只会拍桌子、大吼，不仅自己气出一身病，孩子也被吓得心惊胆战，可能从此产生了厌学心理。

有人说，辅导作业是亲子关系的第一大杀手，就像有当妈的感叹："不写作业母慈子孝，一写作业鸡飞狗跳！"但真的到了无可救药的地步了吗？

寻找你的愤怒之源

(1) 父母的怒气来源于控制欲。

控制型父母最常说的就是："我这都是为你好。"

比如，他们认为应该给孩子吃营养餐，如果孩子拒绝吃，他们就会愤怒地说："你必须吃下这些饭，因为你需要这些营养！"实际上，他是在担忧自己没有尽到"让孩子健康饮食"的责任。

(2) 父母的怒气来源于原生家庭。

小时候当我们被父母责骂,甚至暴打,我们暗暗发誓:长大后,我一定不会成为这样的父母。但残酷的是,长大后,我们都渐渐活成了父母的样子。比如,一位从小被父亲醉酒打骂的儿子,非常痛恨自己的父亲,发誓自己以后绝对不要像父亲那样。但结果是,自己结婚后成了和父亲一样醉酒打儿子的人。小时候怎么被父母对待,长大后有很大概率也会用同样的方式对待自己的孩子,在不知不觉中延续了父母的教育方式。

(3) 父母的怒气更常见的是来源于外在因素的影响,比如糟糕的婆媳关系、紧张的夫妻关系,以及工作上的压力。

电视剧《都挺好》中的苏母因为城市户口嫁给了苏大强,但嫁过来之后对他并不满意,满满都是嫌弃,夫妻关系自然是貌合神离。后来就在苏母遇到老相好,准备离婚奔向大好前程时,发现自己怀孕了。而自己的身体又不能不要这个孩子,最终只好放弃那段婚外恋,留了下来。苏明玉就是在这种情况下生下来的,糟糕的夫妻关系,使苏母对苏明玉的态度非常差。

就像那个著名的"踢猫效应",父母也不是完人,在情绪不好的时候,也很容易迁怒于身边的人,结果引发连锁反应。

心平气和的技巧

父母生气,多半是因为孩子犯错。但有时候,孩子犯错并非是有意识的,更不是故意激怒你,而是因为缺乏知识、技能和意识。通俗说,就是孩子并不是在犯错误,而是在做与年龄相称的行为。比如,孩子总喜欢把东西搞得乱糟糟,这是因为孩子的秩序感并不是大人眼中所谓的整洁,他们只是按自己的标准去摆放。所以,他们有时候不乐意把玩具收到玩具箱。再比如,孩子与小朋友打架抢东西，是他们尚未学会控制自己的行为和情绪。

《正面管教》一书中这样描述孩子的错误："成年人常常会和孩子一样缺乏知识、意识和技能。如果我们把孩子的不良行为看成是'因失望而产生的行为''缺乏技能的行为'或'发展适宜性行为'，我们就可以重新认识不良行为。"允许孩子犯错，你就不那么容易生气了。

作为父母，容易生气的另一个原因是孩子达不到自己的要求。

在父母眼里，孩子不仅要学习好，还得钢琴好、画画好、跳舞好、口才好……从孩子出生起，父母就在竭尽全力把孩子打磨成一块完美无瑕的"美玉"，一旦出现不满意的地方，就翻来覆去地修改、调整。如果仍然不满意，就会郁闷、恼火，认为孩子不知好歹，或者朽木不可雕。

很多的家长并没有意识到，"望子成龙"其实是一个很自私的心态。适当降低对孩子的期望值，父母才能拥有平和的心态。就像跨栏或是跳高一样，栏杆太高影响孩子的积极性，适当调低一点，让孩子用力就能跨过去，他就能将这种兴奋心情保持下去，并有勇气越过下一个更高一点的栏杆。

和孩子一起成长

人到中年，除了为孩子辅导功课、带领孩子一起成长外，你很难再找出另一件需要你付出如此多的时间、精力及热情的事情了，这正是我们提升自己的最好方式。

江苏一位母亲陪娃写作业，顺便考了个教师资格证，她激动地发了个朋友圈："我的孩子正上小学，为了把辅导作业的负能量化解掉，一时激愤就去考了个证。"

别人将陪娃写作业当成“高危工作”,她却化戾气为奋斗,自学考证,给孩子树立了一个励志的榜样。其间的差别,可谓是十万八千里。

人生路漫漫,就将这一切当成一场修行。你需要做的是以一颗平常心去面对生活,去迎接挑战。你要改换目光,努力去认识你的孩子,同时也要修炼你自己。

2. 中年,珍惜挚友,远离酒肉朋友

人到中年,心事越来越沉重。中年人常常深夜被噩梦惊醒,冷汗涔涔,辗转反侧,一遍遍翻阅着手机通讯录,却始终找不到一个可以说说心里话的人。

中年人的生活,原来是彻头彻尾的孤独。

一位网友说,前段时间他去拿体检报告,吓得出了一身汗。报告上显示,他的胃里有一块阴影,医生建议做进一步检查,怕是癌症。他呆愣了好久,最后沉默着开车上了高速。

跟谁说呢?父母年纪大了,怕他们担心,妻子每天上班压力也大,女儿还小,想跟她们说,话到嘴边却又吞到了肚子里。

找哥们聊聊?那些都是酒肉朋友,平日凑在一起都是喝酒胡侃,没个正经。

和同事说说?大家各有各的事儿,下班了也没什么联系。

有几个客户关系还不错,却也不想因为自己的事情去麻烦别人……

他麻木地开着车，心里一片苍凉，只觉得自己孑然一身，没有真正的朋友可以依靠。

“中国人特别奇怪。聚会很多，很热闹，但一群人在一起，基本都聊别人的事情，在场人不分享自己的事情。中国人不缺心事，缺的是听心里话的人。人到中年，心事越多，心理包袱越多。对于中国人，最大的中年危机，是没人可以说心里话。”

看《圆桌派》的时候，听到这段话，突然泪流满面。有时候觉得痛苦、委屈，却不想因为自己的情绪、自己的不幸遭遇去叨扰别人。这世上没有真正的感同身受，谁也代入不了你的委屈，就算是天塌下来了，日子还得照过。

哪怕有了开心的事情，也找不到人分享喜悦。想发个朋友圈吧，字斟句酌地打了一行字却又匆匆删了，怕被人说是在炫耀。

中年人的孤独，是微信好友越来越多，值得信任、能交心的人却越来越少。

还记得小时候，很容易就能交到好朋友。一起手拉手去上学，一起跳皮筋、踢毽子、拍皮球，我们很自然地表露着感情，毫无保留地付出真心，不怕受伤害，也不怕被拒绝。迈入成人行列后，却变得小心翼翼起来。新交的朋友都不咸不淡，大家都在权衡和试探。

人到中年，重心都转移到了工作和家庭上，时间变得越来越稀缺，对身边的朋友也应有一个新的认知。

放弃无效社交

年纪越大，对交朋友这件事看得越淡。与其将时间耗费在志不同道不合的低质量社交上，不如守好那条界限。不用渴望虚假的友谊，也别指望不相干的人能耐着性子倾听你的烦恼与哀伤。

对于那些看不清的人和猜不透的心,就随他去吧,何必自作多情?

很多时候,你们在微信上聊得分外投缘、热火朝天,真要见了面,却相顾无言,尴尬的气息弥漫在彼此之间。更矛盾的是,随着你们认识的人越来越多,以往的好朋友却都渐渐失散了。你们很容易找到一个人去喝酒唱歌吃饭,却很难遇到一段真正掏心掏肺的关系。你们从一个饭局赶往另一个饭局,脱离一个人的孤独,去拥抱一群人的孤独。

听过这样一段话:"人这一生,会遇到8263563人,会打招呼的是39778人,会和3619人熟悉,会和275人亲近,但最终,都会失散在人海。"年轻的时候总觉得"山水有相逢",人到中年了,却顿悟苍茫世间,人来人往,缘聚缘散的道理。

珍惜知心好友

人到中年,你会越发深刻地体会到,岁月留不住昙花一现的热情和虚幻的拥有,也带不走真正的朋友。他们愿意挤出时间,去听听你的心里话,去陪你聊聊中年人的孤独,或者什么也不做,只静静地坐在你身边,始终握着你的手。

身患癌症的珍妮感慨道,下一世,她会好好珍惜那些真正的朋友,而不会在那些注定要离开的人身上耗费太多精力。曾几何时,她最热衷于参加各种聚会和酒局,费尽心思地维持着各方人脉。她曾经得意于自己微信通讯录里有300多名好友,现实却狠狠地打了她一记闷棍。当她中年失业、生病住院的时候,愿意听她诉苦的人少得可怜,真正关心她的人寥寥无几。

人到中年，要懂得看开。

余秋雨说："所谓朋友，就是那些让你独而不孤，互相理解自己存在意义的人；所谓朋友，就是互相使对方活得更加温暖、更加自在的人。"就算你身边只剩下一两个懂你的人，也不失为人生幸事。你要懂得珍惜。

也许，曾有一段纯纯的友谊被淡忘在了岁月的角落，像那些泛黄的照片一样记载着青春岁月的激情与温馨。在与酒肉朋友胡侃，与客户应酬之余，别忘了去小心翼翼地拾起这段友谊。当你尝试着去联系多年未见的朋友的时候，你会发现心里的某一块被填得很满很满。

马克思说，"人生而孤独，却不甘寂寞"。

中年人的生活，一刻都不敢停息。很累，却也不能放弃。没人听你说心里话，是因为你根本没认清，谁是真正该交的朋友，哪段关系值得你费尽心思地去呵护。接受朋友本就该越来越少的事实，并珍惜那些直到最后也一直留在你身边的人。

3. 想哭就哭吧，谁还没个难的时候

中年人的崩溃，往往是在一瞬间。可是，再苦再难，我们始终红着眼眶，咬着嘴唇，握紧双拳，坚决不留一滴眼泪，直憋到浑身僵硬，彻底喘不过气来。

印象很深的一件事，是小时候，40 多岁的父亲躲在书房里，偷偷哭泣着。那哭声压抑、低沉，痛苦无比。记得那时候，作为厂里

技术员的他在经济效益不好的时候被领导开除了。他不敢和家人说,每天揣着公文包去上班,实际上是去公园里坐着,吹着寒风,一坐就是一天。当他发现自己已经被社会淘汰这一事实的时候,不禁茫然无所适从。

那天,他躲在书房里偷偷哭了一场。我们明明听见了,却装作没有任何事发生。哭完后,良久,父亲平静地走到客厅,将失业的消息告诉了我们。第二天,他精神奕奕地出了门,继续打拼。成年后,我时常想起父亲的哭声,却忘了自己已经很久没有痛快淋漓地哭一场了。

怎么敢哭呢?现实太残酷了,而人到中年的我们,真的没有时间崩溃,也不敢崩溃。我们宁愿咬破嘴唇,也要憋住泪水,生怕被别人看到自己的狼狈。

好友说,有天夜里三点她起来为孩子喂奶,走过客厅的时候不小心撞到了桌腿,脚趾疼得钻心。那一瞬间,她情不自禁地哭了起来,她越哭越伤心,孩子也被吓得哇哇大哭。丈夫睡眼惺忪地走出房间,一脸责备道:“这么点小事,哭什么?你怎么跟孩子一样?”听到丈夫的话,她沉默了下来,泪水无声地流过脸庞。那一夜,她无声地哭了几个小时,哪怕最爱的人都觉得她小题大做,只有她自己才晓得,她到底为什么哭泣。

小时候,我们都是爱哭鬼,因为哭能换来拥抱,换来关怀和宠爱。年轻时,在哪里受了气,也会不自觉地哭泣,毫无顾忌地发泄着情绪。人到中年,我们的泪水却越来越少了。因为我们知道,哭,并不会让结果变得不一样。我们认定,哭是一种懦弱的表现。

中年男人在所有人眼里,都是有泪不轻弹的强大存在,肩负着一家老小的生计,不敢哭,不敢病,不敢死。中年女人将脆弱隐藏在厚厚的盔甲下，想要和谁撒撒娇、诉诉苦，想要痛快地哭一场，可最终也只是想想而已。

事实上，再坚强的人，也有承受不住的悲痛与哀伤。蔡康永曾问成龙："拍戏累不累？"一句话击中了成龙内心最柔软之处，他止不住地泪流满面，足足哭了 15 分钟。

对于中年人而言，生活已经够累够沉重了，何必把哭的权利也弄丢？遇到难处的时候，哭一哭怎么了？没有谁有资格指责你、嘲笑你。

想哭就哭吧

尤其是一个人独处的时候，不妨卸下层层伪装，纵容自己痛痛快快地哭一场。在哭声中暂时卸下一身的重担，抚慰自己受伤的心灵。在亲人面前，你假装一切都很顺利；在朋友面前，你假装自己过得很开心。可是，一个人的时候，就别安慰自己"我很好"了。

哪怕在人前一不小心哭了出来，也没必要觉得丢脸。所谓喜怒哀乐，人之常情，成年人也有流泪的自由。只是，哭的时候尽量不要打扰到周围的人。相信他们和我们一样，都在承受着生活的煎熬，都被难言的委屈折磨得麻木瘦削；他们和我们一样，某一天也会默默地独自崩溃。

哭过之后再出发

哭过之后，你要擦干眼泪，整理好情绪，再一次满怀自信地投入到喧嚣热闹的生活中。你要相信，车到山前必有路，坏消息可能会接二连三地到来，但糟糕到极点的时候，好运就会来临。只要你有想哭就哭、想笑就笑的豪情与勇气，必定会迎来触底反弹的那一刻。

中年,是一个坎,在学会如何调控自己的情绪之前,你根本无法平安地度过这个坎。而哭泣,正是自我调节的手段。哭泣,代表你正在经受痛苦。哭过之后,你依旧是那个最坚强的人,你还能轻松迎接明天。

安安静静地听从内心的召唤,想哭就哭吧。笃定地过属于自己的日子,不慌乱,不逃避。

4. 高情商的中年人,从不把负面情绪带回家

一位朋友懊悔地说,有天晚上因为孩子教育的事,他跟父母发脾气了,可那些伤人的话一说出口他就后悔了。父母谅解他工作辛苦、压力大,连连摆手说没关系,他心里却更难受了。灯光下,父亲两鬓苍白,母亲眼圈泛红,他们又老了许多。临睡前,他拉着妻子的手,絮絮叨叨地为自己辩解,说着说着,情不自禁地流下了眼泪。

朋友叹气,说不知道从什么时候开始,他竟变得这么混蛋。待在家里的时候,他总是控制不住地想发脾气,上对70岁的父母,下对刚满8周岁的女儿,还有含辛茹苦的妻子,他时不时地暴怒,丝毫不顾虑他们的感受……

辛苦劳作了一天,带着满身的疲惫回到家中,首先映入眼帘的是孩子满地乱放的玩具,沙发上堆积如山的脏衣服,怒火一下就燃起来了。那些不如意几乎将我们变成了火药桶,遇到一点小事就

爆炸。

其实，冷静下来想想，多大点事啊，何必大动肝火？

相信你也曾经历过类似的争吵，虽然事后总是悔不当初，但在当时的情绪状态下，你却抑制不住地想发飙。

我们将痛苦、怨气带回家，最直接的影响就是会造成无数家庭矛盾，让一家人都活在阴影里。从你板着面孔推开家门的那一刻开始，一个好好的家就陷入混乱，幸福感荡然无存，每个人都被搅得心惊肉跳。生活在动荡不安之中的我们，早忘了这世上最令人心安的事情，是每天都能看到家人的笑脸。

弗兰克这样说道："对待压力的态度，决定了一个人到达的高度，而男人的最高修养，是不把压力和坏情绪带回家。"

人生在世，谁都有压力，我们最应该做的，是克制自己的负面情绪，不让其波及家人。让整个家庭都为你的负面情绪买单，是一个无比自私且极其不负责任的行为。

杨澜曾问周国平："为什么我们都把好脾气留给外人，却把坏脾气留给最爱的人？"周国平说："对亲近的人挑剔是本能，但克服本能，做到对亲近的人不挑剔是种教养。"

我们来看看如何在回家之前把坏情绪消解掉。

转移注意力

在受到令人发怒的刺激时，大脑会产生一个强烈的兴奋灶，这时如果你能主动地在大脑皮层里建立另一个兴奋灶，看场电影或逛逛街，用它去抵抗或削弱引发愤怒的兴奋灶，就会使怒气平息。比如，你盛怒之下正准备与丈夫吵一架，转头看到天真的孩子，你就会怒气全消。

宽容一点

当你学会宽容,决定放弃怨恨和惩罚,你就会发现心里轻松平静许多,愤怒的包袱从双肩卸载下来,你就不会再冲动了。

自嘲一下

在怒气一触即发的紧急关头,你可以自己嘲笑自己:“我这是怎么啦?怎么像个3岁小孩子似的。”幽默是卸掉发怒雷管的最好手段。

尽量回避

在工作中遇到能引人发怒的刺激时,你可以暂时避开,眼不见心不烦,怒火自然先去了一半。这虽然是一种“鸵鸟”政策,但却是一种自我保护性的制怒方法。

深呼吸

在你就要忍不住发泄怒气时,你先深吸一口气,让自己的舌头在嘴里转两下,并在心中默念“不要发火,息怒,息怒”,也会收到一定的效果。

独处一会儿

愤怒时自己先离开,走入一个怒火不会再被激起的区域,让自己的愤怒冷却一下。自己在寂静的地方走上一会儿,周围的静会让自己心情慢慢平静下来。但要注意不要再不断地思索引发愤怒的事情,那样就达不到平息愤怒的效果了。要记住,最终的目的是解决问题,而绝不是发泄或出气。

工作不顺利、晋升无望等种种不如意之事充斥在我们的生活中,每个中年人都要勇敢地扛起属于自己的责任,独立去面对。不妨在回家之前,将痛苦、失意等负面情绪消化完毕,再重整心情,换一副笑脸去应对家人。而家的幸福与温暖也会融化你内心的坚冰,经过一夜的修心养性后,你将再一次昂首挺胸、满怀自信地走出家门,迎接广阔天地的挑战。

5. 危机当前,专注于解决问题而非气急败坏

台湾散文名家张曼娟曾在意外不期而遇时崩溃问道:“要用多大的气力才能镇住一切崩坏,继续活下去?”彼时,年逾不惑的她不得不面对父母相继病重的痛苦。奔波在医院各科室间的她如同所有处于人生重大关口的中年人一样,陷入了精神衰弱、意志消沉的旋涡。最难熬的时候,她一度怨天怨地,浑身散发着戾气。

急躁的情绪和混乱的思路让她的生活全方位失序,甚至到了轰然倒塌的边缘。为了将生活拉回正轨,她耐着性子陪伴父母候诊,日复一日地照顾着他们。为了平复自我情绪,她将写作当成唯一的救赎。在一些零碎时间里,她孜孜不倦地书写着人生。在她的精心照料下,父母的病情稳定了下来。在这期间,她完成了一本以中年生活为主题的书,出版后感动了万千读者。那场泥石流般、带着巨大破坏力的危机,被她完美解决了,她就此迎来了人生的新天地。

有人说,中年的生活,就是一个危机连着一个危机。生、老、病、死,这些有关生命的宏大主题让你无法驾驭。战战兢兢地走到人生的半途,一不小心就会遭遇一场暴风雨。

当危机来临时,你会如何应对?

寻找危机中的机会

人生在世,向来危机四伏,而中年人的生活尤其艰难,简直处处是坑。可每一次危机来临,“危”与“机”都如影随形。遇到难题的时候,有些人第一反应是气急败坏,眼见着困难滚雪球般越滚越大,他们每天都活在阴影和恐慌之中。另一些人却迅速平复情绪,不逃避,不焦躁,寻找到了危机中的机会。

拿2020年初席卷全球的这场疫情来说,肆虐的病毒令社会各阶层的人都受到了打击。

无数中年人愁得百爪挠心。迟迟复不了工,可是房贷要还,孩子要养,种种现实让人无奈又揪心。于是,一些人一边焦虑地刷着手机,用娱乐新闻麻痹自己,一边怨三怪四,痛骂老天不公平;一面忧心忡忡,满怀心事,一面混吃等死,自暴自弃。但也有很多人临危不惧,选择沉着应对。

《囧妈》是徐峥自导自演的一部喜剧电影,据悉徐峥曾与新东家签下了对赌协议,票房保底为24亿。为了票房,徐峥煞费苦心地做着各种前期宣传,甚至不惜顶着压力提档大年三十。

就在徐峥遭遇口碑危机的时候,疫情加重,春节档电影纷纷撤档,《囧妈》自然也不例外。但徐峥没有坐以待毙,他另辟蹊径宣布

《囧妈》由院线改为网络上播出。“《囧妈》初一上线免费播出”迅速登上微博热搜榜首。

徐峥以6.3亿把《囧妈》的版权卖给了字节跳动，虽然没有达到预期的票房收益，但相比其他几部电影撤档分文未赚，徐峥的《囧妈》不仅收回成本还稳赚了一笔，实在是很高明的选择。而且徐峥的这一大胆决定，让全国观众不花钱不出门就能看大片，收获一致好评，可谓是名利双收！

很多人将2020年初的这场灾难称作“黑天鹅事件”。所谓“黑天鹅事件”，指的是那些难以预测的，会对我们的生活造成巨大影响甚至直接瓦解我们的生活秩序的事件。而“黑天鹅”中，往往蕴藏着很多契机。

适应环境

当环境不能改变，改变自己适应环境就是唯一的出路。

一位网友说，平日工作需要应酬，无法顾及身体健康，35岁的他早前被诊断出脂肪肝。这段日子待在家里，他每日早睡早起，还制订了一份健身计划，并严格执行，结果一个月不到就瘦了8斤。

一位“80后”的宝妈，平日工作忙没有时间写作，这次趁着休假，她一头扎入书海之中。她一天都没有休息，将时间都用来读书写作，结果连续四次获得青云计划奖励。

朋友圈里的一些中年朋友，始终在笑对生活。他们时不时地晒自己学做馒头、葱油饼的视频，俨然已化身为大厨。那些动态饶有趣味，且意义十足。

这些人在逆境中默默积蓄着力量,悄悄生长,等浪潮褪去,雨过天晴之时,他们站在阳光下,笑得自信而又灿烂。

6. 活得累? 请减少情绪内耗

你有没有过这样的体验:总是觉得很累,压力大,但其实并没有做什么,或者所做的工作并不足以把人累到这种程度。

比如,很多中年人下班回到家,就倒在沙发上,直呼累死了,根本打不起精神陪孩子玩。事实上,一天的工作量并没有达到如此繁重的程度。

多数时候的累,都是因为情绪内耗导致的。比如,你一门心思要把文案写好,让领导眼前一亮,一次通过,但改来改去,总觉得不满意。于是,你很生自己的气,给自己定下今天必须改到让自己满意的目标。然后,你开始跟自己较劲,却发现效果仍然不好。你恨不得把写好的文案全部推翻,重新再来。最后,文案没有完成,你焦虑不已。下班了,虽然你的身体已经不在写文案了,但你的心却没有停止努力,这让你筋疲力尽。这就是内耗。

你在做事的过程中,越是尽力追求优秀,越是容易导致结果和目标相差甚远。当你体验到糟糕,会怎么评价自己呢?当你觉得自己懒惰、拖延、浪费时间,是不是会嫌弃自己、讨厌自己、痛恨自己?

你厌恶自己,就会花费很多精力来排斥自己,结果就是感觉疲惫不堪,做起事来越来越力不从心,效果也越来越差。然后你更加排斥自己，表现更差，进入一个死循环。内耗让你精疲力竭，越来越不开心。

有人说，优秀的中年人都戒掉了情绪。这一点让人难以置信，情绪就像吃饭，可以管理，但是无法戒掉。如果说有中年人戒掉了情绪，那只能说明他在拼命压抑情绪，或者没有觉察，后者的可能性比较小。而让情绪在内心发酵，会产生更大的内耗。

安民自从升任经理后，出现了很严重的情绪问题，经常对自己不满，稍微犯点错误就会焦虑地生闷气。在家人的建议下，他约了心理咨询师进行心理疏导。

咨询师首先问安民：心情不好时你会怎么办？情绪受到影响后是否可以及时调整回来？

安民表示自己有心事的时候，从来没有找人聊天倾诉，总是自己默默地扛。而他越是告诫自己不要出错，活得越是焦虑，还得在别人面前强忍着不流露。

心理咨询师经过分析，鼓励他去接纳自己的情绪，不要觉得流露情绪是件丢脸的事，要学会表达和宣泄。

当我们排斥内心的愤怒、伤心、绝望、沮丧、抑郁……这些坏情绪，只会让心情越来越糟。试着接纳自己的坏情绪，不再排斥它，不再跟自己较劲，就会降低内耗，反而能让你有更多的精力去把事情做好。

还有一种内耗来自“情绪对抗”，就是当我们在做自己不喜欢的事情时，所表现出来的一种抵触的心情或者情绪。

林雪被手中的策划案搞得焦头烂额,明明她已经按照客户的要求改了,发过去客户依然能够挑出毛病。加班到心力交瘁,还是无法让客户满意。

客户太难搞了,如果这次客户再退改,她五一带孩子出去游玩的计划就要泡汤了。她越想越烦,在和客户沟通的时候,难免带出了一些情绪,结果客户向老板告了她一状。

生活中,人们的情绪很容易受到各种因素的影响。当我们选择了情绪对抗,并且做出相应对的行为之后,很容易让事情朝着糟糕的方向发展。

蔡康永曾经写过一段话:"学校烂,上课闷,你就从此拒绝学习和阅读,以示抗议吗?杀错方向啦。他们教学失败,那是他们搞砸了他们的工作。你拒绝学习和阅读,你是在搞砸你的人生啊。这不是抗议,是自残,你抗议的对象无感,而你自己尝苦果。就像你连续吃到三家烂餐厅,难道你就从此绝食,以示抗议吗?"

很多中年人觉得累,本质原因就是他们经常采取对抗情绪。对抗情绪要消耗的能量比做事需要的更多,导致的结果也不会如意。比如,有人失败了,不去寻找自己的失误,而是对自己说:"这件事情,我本来就不喜欢做,所以才会失败。"

不喜欢的事,做一点就会累;喜欢的事,做再多也不觉得累。但很多事,我们没有选择权。

选择做事的心情

如果不能选择事情,那就选择做事的心情。

有一个画手，在工作的时候最常发生的事情，就是被客户反复要求改稿。为此，他非常不高兴。每次收到这样的要求之后，他就会消极很长一段时间。

有一天，他读了一本关于情绪的书。于是，他试着去改变自己的消极想法。当他再一次收到客户要求改稿子的消息之后，他没有去抱怨，而是开始进行分析：为什么被客户要求改稿子后，我会产生不愉快？他列举了几个原因：

(1) 这会让我产生更多的劳动。

(2) 我认为自己画得很好，完全没有改稿的必要，客户吹毛求疵。

(3) 客户根本不专业，改稿的要求也非常可笑。

……

列举结束之后，作者开始一条条去反驳：

(1) 客户支付我稿酬，就是想要得到完美的作品。这其中包括我的改稿服务。所以，客户有改稿子的要求天经地义。

(2) 客户对自家产品比我更了解，这样的改稿要求是从为产品服务的角度出发，我应该接受。

(3) 大多数客户都是很优秀的，他们只是从不同的视角提出自己的建议，我应该学会谦虚地接受。

……

在给自己做了很长时间的心理分析之后，这个画手发现，即使有的客户再次提出改稿的要求，他也能够心平气和地接受，并且积极地去寻找自己究竟哪里出了问题。

越是面对不喜欢的事情，越要学会调整自己的情绪。尝试转换心态之后,我们会发现,其实那些自己不喜欢做的事情,并没有那么让人头大,只是需要多付出一点耐心和努力而已。

7. 认怂,更要给自己解压

乔伟在一个单位干了十年了,上司升职,按资历和能力都该轮到他接任。公司却毫无预兆地空降来一位领导,据说是老板的一个亲戚。这位新来的领导业务能力很差,又偏偏仗着自己和老板的关系,整天对着乔伟指手画脚。

乔伟为此郁闷不已,不敢和妻子说,妻子刚生了二胎,照顾两个孩子已经够累了,不想再给她添堵。他每天强颜欢笑踏进家门,咧着嘴笑得没心没肺,看起来岁月静好。他偶尔会在微信群里发发牢骚,第二天该上班上班,该赔笑赔笑。

人到中年,总是很无奈,说走就走的旅行实现不了,说辞职就辞职的自由更没有。所以,我们总能看到独自坐在路边哭泣的外卖小哥,看到疯狂购物宣泄坏情绪的中年女人……

中年人通常只有认怂的份儿,但认怂并不等于把一切都憋在心里慢慢消化,一些好的解压方式可以让认怂不那么憋屈。

改变对压力的看法

提到压力,我们最先想到的总是压力降低了我们工作的效率;压力太大,导致日复一日地失眠;压力过大已经严重影响到了我们的身心健康，甚至是威胁到了我们的生命……总之，关于压力的都是负面的信息。

对于大多数人而言，“压力有害”已经成了一种固有的认知。然而，美国的一位心理学研究者发现，我们对于压力的思维模式才是影响压力结果的主要因素。换句话说，压力只有在我们认为它有害的时候，才是有害的，真正有害的不是压力，而是认为“压力有害”的思维。如果你相信压力是有害的，那么它就会给你带来害处；如果你相信压力有好处，那么压力反而会给你带来好处。

比如，压力能给人应对挑战的力量。

面对压力时，身体方面会出现心跳加速、出汗或呼吸加快等现象，这些生理反应会使你的注意力很快聚焦在压力源上，压力造成的兴奋、冲动、不安、焦躁能让你立马去行动。此时，你的注意力更加集中，你的瞳孔放大，这能让你的眼睛接收更多的光，你的听力也变得更加敏锐，压力让你从外界获取了更多的信息。与此同时，你的大脑也会感知到更多的事物，不再分心，只专注于最重要的事情。

给自己积极的心理暗示

著名心理学家巴甫洛夫认为：暗示是人类最简单、最典型的条件反射，心理暗示是一种被主观意愿肯定的假设，它不一定有根据，更不一定是正确的，却因为主观上认可了它的存在，所以人们心理上更趋向于接受这个“事实”。

而积极的心理暗示就是把一个积极的信息强加给个体，通过这个过程让个体认可这个积极信息，从而起到激励个体的作用，以期最终达到一个积极的目的。积极的心理暗示能让人拥有荡除一切障碍的决心和气魄,会让人的性格变得更加坚韧,能使人的勇气不断增加。在种种正面情绪的激励下,人们能不断地挑战自我,最终超越自我。

除此之外,焦虑中给自己积极的心理暗示还能起到保护自己的作用。比如一项任务结束之后没有达到自己预期的效果,你沮丧懊恼,这时你可以告诉自己:“我尽力了,我问心无愧。”这能使你从压抑、焦虑的状态中解放出来,使你拥有一个积极健康的心态。

让减压成为一件浪漫有趣的事

一说减压,不少人就觉得那是件苦差事,是任务,结果越减压力越大。

其实,减压也可以是一件浪漫有趣的事情,这取决于你选择做的事,是不是让自己觉得好玩。

有趣的事很多,买本《秘密花园》来涂色,买点毛线学织毛衣,弄本菜谱学做菜,听听郭德纲的相声,去郊外把你的压力悄悄埋进土里……从心开始,像孩子那样去做一些有趣的事情,让自己摆脱压力。

另外,当你察觉到自己的疲惫,及时停下来,休息!你可以反省思考一下,自己是不是已经沦为了“穷忙一族”?是不是被困囿在了繁忙的工作之中?学会休息,告诉自己不是每件事都值得去做。远离“快节奏综合征”,你的心灵才能得以救赎,轻松才愿意靠近你,享受的状态才会启动。

8. 跑步——面对中年危机的自我救赎

中年人的朋友圈刮起了一股“跑步”风，各种跑步自拍照、打卡动态刷爆了朋友圈。如果你留心就会发现，身边跑步的人中，中年人占多数，老年人次之，年轻人可谓凤毛麟角。

著名小说家村上春树在刚成为专业小说作家的时候，每天抽将近 60 支香烟，目的是寻找写作灵感。他是易胖体质，不规律的生活和不好的生活习惯很快就把他的身体拖垮了。

为了能够继续自己的写作事业，村上春树开始跑步。从 33 岁开始，他坚持跑步 35 年，在这期间风雨无阻，每年至少参加一次全程马拉松，并获得过 3.27 小时的好成绩。跑步不但为其带来了健康的身体状态，而且能够让他在创作时保持头脑清醒。

他曾在《当我谈跑步时我谈些什么》一书中写道：“我从 1982 年的秋天开始跑步，持续跑了将近 23 年，几乎每天都坚持慢跑，每年至少跑一次全程马拉松——算起来，迄今共跑了 23 次，还在世界各地参加过无数次长短距离的比赛。跑长距离原本与我的性格相符合，只要跑步，我便感到快乐。在我迄今为止的人生中养成的诸多习惯里，跑步恐怕是最有益的一个，具有重要意义。我觉得由于 20 多年从不间断地跑步，我的躯体和精神大致朝着良好的方向得到了强化。”

老年人不适合跑步，年轻人多半还没有意识到运动的必要性。相对于年轻人和老年人，中年人对于跑步的需求明显更加迫切。因为跑步是心理负面能量的阀门。你很难看到经常跑步的人身上有沮丧感，跑步者的内心充满了正能量，并且能够影响到身边的人。

潘石屹对跑步有着自己的执着，很多员工还在睡梦中时，他已经跑步回来了。即使出差，他的跑步大业仍旧继续。他还带着自己的夫人一起跑，两人经常在微博上大喊："跑完后好有幸福感！"

《让大脑自由》一书中提到了"运动可以让我们的大脑更好地运转"的原理："运动可以使更多的血液流向大脑，为大脑带来丰富的葡萄糖作为能量，同时还能带走氧气吸附遗留下来的有害电子。"

也就是说，跑步的时候，血液会变得更加活跃来刺激大脑形成新细胞，大脑因此会更加清醒。

每周进行两次有氧运动可以把患阿尔茨海默病的风险降低一半，一些精神障碍，比如抑郁症和焦虑症等也可以通过跑步进行干预。

总之，跑步有诸多好处，身体运动中分泌的激素能够活跃大脑神经，让精神愉快，各种消极情绪一扫而光，压力大减。跑步时的能量消耗能够刺激食欲，稳定作息，对于爱美的人来说，还可以塑形减肥。最重要的是，能够让我们放下手机，静心观察这多彩世界。

开始跑步

下决心跑步，一定要敢于开始，这就和写作一样，最难的是开始。开始之后，这个项目就成功了一半。但需要坚持，不想继续的时候，再坚持一下，如果想有效果，至少跑个半个小时，最好一个小时。我们都有求胜心，但跑步这件事本就是自我参与，不必和某人进行竞争，以强健体魄为主。

坚持跑步

坚持对于跑步非常重要，有人抱怨："我也想要跑步，但就是坚持不下去。"如何才能更好地坚持下去？

一大早，青青就在朋友圈晒出了一张刚跑完步的照片，整个人看起来神清气爽。以前的他除了工作，就是下班回家刷剧，整个人每天处于昏昏沉沉的状态，感觉要废了。后来，在朋友建议下，他开始跑步。

一开始跑步的时候，青青非常抗拒，一跑就胸口疼，中途想过放弃。可每次想放弃的时候，他总会告诉自己："大口呼吸，再坚持一下。"就这样，他突破了一个又一个极限。习惯每天跑步之后，他开始享受跑步所带来的各种好处，心情变好很多，工作效率也明显提高。

跑步是一个成长型项目，不能起到立竿见影的效果，所以不要祈求一天两天就能见到安眠健体的功效，要在不断的积累中享受成长的乐趣。

跑步只是一个自我拯救的手段，不是必要条件，在情绪获得缓解的同时，还需要回归问题的解决之道中，否则就是给自己徒增烦恼。

第七章

不矫情，慌乱、焦虑就不会无处安放

1. 接受自己是个普通人，就不会惊慌失措

美国专业的心理治疗临床医生蒂姆·德斯蒙德在其著作《与真实的自己和解》中指出，人需要“自我同情”。如果无法接纳自己的“不好”，终生都会活在自我折磨中。

青春年少的时候，我们都曾立下宏志，要把自己变得优秀，变得卓越，变得光芒万丈。于是，我们锲而不舍地向着目标努力。但是梦想的光环却一直闪耀在远方，自己被困在原地，为了生存而奔波。

一男孩从小喜欢唱歌，梦想成为一名歌手。家里倾其所有地培养他，他也很努力，但星途并不平坦。

他北漂10年，参加了所有大大小小的唱歌节目，最后都未能

进入决赛。发布临别感言时，他诉说这些年的不易，同时感谢父母多年的付出，自觉对他们亏欠太多。说到激动处，他情绪失控，泪水潸然。

有评委建议他先去找个正式工作，有一份固定收入，至少不再啃老，能自食其力；利用业余时间唱歌，追求自己的梦想。这样少了许多压力，轻装上阵也许更容易实现梦想。

有记者采访他，他说当时就是想唱歌，觉得自己一定可以梦想成真。现在想想，会唱歌的人太多了，自己也不过是个普通人。

只有极少数人能够拥抱所谓的成功，而我们可能只是多数人中的一员。

每个人都有对美好的追求，也有不断地靠近美好的权利，但是我们终将发现，自己不过是个普通人。朴树在《平凡之路》里面唱道："只有看见平凡，才是唯一的答案。"人到中年，请接受自己的平凡，学会与自己和解。

心理专家分析说，几乎每个人都梦想能变得更好，梦想能超越庸众。这背后固然有人心的贪欲在作祟，但根本原因还是在于我们讨厌平庸，讨厌拮据的生活。更深一层分析，你会发现，你其实讨厌的是平庸的自己以及过着拮据生活的自己。

换句话说，我们每个人在内心深处，或多或少都在为自己的不完美感到自卑，乃至隐隐地怨恨自己、看不起自己。不妨扪心自问：你对现在的你感到满意吗？还是说讨厌更多？

落入平庸的中年，我们会对自我产生很多评价，大多数都是负面的。这深深阻碍了我们内心的和谐与统一，甚至对我们的人生走向产生诸多负面影响。

接纳自己的不完美

蒂姆·德斯蒙德强调说,人若无法心平气和地去感知真实的自我,始终无法接纳自己的“不好”,始终无法与自我和解,就会任由欲望侵蚀理智,一刻不停地折腾自己、折磨自己。而抑郁症、焦虑症、强迫症、恐惧症等各种问题正是自我折磨的典型表现。

若能对自我产生同情心,躁动的内心就会逐渐平静下来。所谓的“自我同情”并非自怨自艾、自我批判,或者自我放纵,更不是妄自尊大、以自我为中心。

“自我同情”,意味着你要无条件地接纳自己的普通与平凡。你能以更平和的心态甚至充满自信地去看待自己外貌上的瑕疵、天赋上的不足,以及能力上的短板。

清楚自己要什么

一位著名的年轻女性作家曾坦言,从小,她就被赋予了天才作家的光环。这个光环带给她诸多好处,却也曾将她逼进抑郁的角落。直到她卸下这道光环,承认自己就是一个普通而平凡的女孩,曾经的种种纠结、痛苦的情绪才消失,她的内心才渐渐平静下来。

有时候,我们对“不平凡”的追求,并非出自本心,而是受了周遭人的影响,被外界的压力裹挟向前。我们误以为世俗标准里那个卓越的闪光的自己就是真正的自己。但到了中年,我们应该看清楚什么是自己想要的,只有懂得舍弃对自己来说不重要的,才能在平凡中感到踏实和快乐。

不再执着

没有人喜欢求而不得，但我们不得不慢慢学会调整心态，不能再像一个孩子那样对得不到的东西耿耿于怀，而应该更换一个更为平和的追求方式，不再过于执着。

《德米安：彷徨少年时》一书里说道："对每个人而言，真正的职责只有一个：找到自我。他的职责只是找到自己的命运，而不是他人的命运，然后在心中坚守其一生，全心全意，永不停息。"你要了解自身情绪的来源，在成长的过程中，不断给予自己认可和支持。你要学会接纳自己，无论是优势还是劣势，甚至种种瑕疵之处。如此，你的内心才不会慌乱。

2. 你向往的田园生活解决不了中年危机

微博上的一则新闻曾引起热议，一位 40 岁的单身女人独身一人奋斗在"魔都"上海。她从事的是别人口中的"最有前途的工作"，艰辛打拼只为了能遇到一份完美的爱情，攒够钱之后环游世界。谁料十年过去了，这梦想却离她越来越遥远。后来，她辞去工作，搬去了风景优美的小山村，开始了一段田园生活，每日种田、做饭、赏花，过得惬意无忧。

有网友评论说："人到中年真想离开钢筋水泥的城市，回到小山村里，过简单的生活……"另一个网友却"怼"道："这是逃避现实，靠种地养活自己和制定一个亿的小目标有什么区别？"

几年前有个段子很火,说“车库是中年男人的避风港”。人到中年,生活里充斥着一团又一团乱麻。年轻人可能会选择迫不及待地打开车门,迎接新的挑战。中年人却只想躲在车库里,摇一摇保温杯里的枸杞,幻想幻想田园生活,一个人待到天荒地老。

美国著名文化观察家弗吉尼娅·波斯特莱尔提出了这样的观点:人类的欲望远远不止财富、权力、名誉、爱或者性,欲望的表现多种多样,在不同的人身上有不同的表现,但都有着一个共同点,欲望大多是生活中没有的或者人本身所缺少的。

但并不是所有的欲望都能得以实现。求而不得的时候,人们内心往往会衍生出一种另类的欲望——逃避现实的拥挤与繁忙,去寻求另一种简单的生活。

人到中年,脸上的皱纹和那些烦心事一样多。人越来越显疲态,对工作也毫无激情,可需要用钱的地方却急剧增加。家庭生活更是一地鸡毛,孩子叛逆不懂事,爱人冷漠缺乏耐心。上有老下有小的你,时不时感觉到一股人生幻灭感。这时的你,无比想要一片田园,日出而作,日落而息。

因为你很久很久没有体验过简单劳作后,蹲在树荫下纳凉的心无挂碍了。你幻想着和家人一起劳动,吃着自己亲手种植的蔬菜、水果,夜晚和爱人依偎在一起谈心……这种想象中的充满田园气息的生活让你感到无比幸福。

事实果真如此吗?

看清美好背后的真相

你又怎知,逃离现实后带来的不会是另一种毁灭?它会让你越发抗拒现实生活,越来越没有耐心去处理好各种情感、关系,越来越没有勇气去接受事业上的挑战。所谓的中年危机衍变成了一场大灾难,渐渐吞噬了你。

如果你被逃避的念头驱使着,盲目地付出了行动,那么迟早会后悔。毕竟幻想与现实是有差别的。

豆瓣上一位网友呼吁大家在想清楚之前不要贸然抛下拥有的一切投入另一种生活。每逢欲望上涨,不妨问自己几个问题:"你忍受得了寂寞吗?你离开得了餐厅外卖吗?你有从微小事物中获得快乐的能力吗?你从事过繁重的体力劳动吗?回到乡村,你以何为生?"

村上春树说:"超过了一定年龄,所谓人生无非是一个不断丧失的过程。对你的人生很宝贵的东西,会一个接一个像梳子豁了齿一样从你手中滑落下去。"

中年危机带来的烦恼与疼痛是切切实实存在的,可若因此掉入了情绪陷阱,只会让事情变得越来越糟糕。

积极面对问题

《小欢喜》中,男主角方圆面对中年危机的做法值得所有人借鉴。

方圆是个乐观积极的中年男人,他在原公司兢兢业业做了十几年,后为公司立下了大功。正当所有人都觉得他即将升职的时候,公司却无情地辞退了他。此时,方圆的儿子即将迎来人生中最为重要的一场考试——高考。妻子上班也很不顺利,种种不如意酝酿了越来越多的家庭矛盾。

压力接踵而至,方圆没有抱怨,没有逃避,他选择坚强面对。

他积极地去找工作,虽然不断碰壁,依旧不放弃努力。为了贴补家用,方圆放下了政法系高材生的架子,做起了网约车司机。他勤勤恳恳地工作,想不到人生就此发生转变。开网约车时,他碰上了一位配音导演,并因此误打误撞地进入了配音行业,方家因此迎来新转机……

面临重重危机时,你会选择遵从内心逃避的欲望,还是挺起脊梁,主动去掌控生活?要知道田园生活解决不了你的危机,也填补不了你内心的空虚。田园生活不是综艺节目中刻画的"种种菜、吃吃饭、收割收割庄家",与你想象中的"采菊东篱下,悠然见南山"也相差甚远。哪怕你真的来到田园,你所面临的一切难题依旧存在,始终需要你去面对。

作家冯唐曾在文章中感叹中年人所面临的压力,最后他写道:"活在这世上,什么都不要怕,做自己认为对的事儿!"在无数求而不得的欲望前,中年人应该将那句"我命由我不由天"记在心中,像年轻时候一样积极乐观、无所畏惧,如此才能迎来转机。

3. 可以缅怀过去,但不要逃避现实

曾经被称为"垮掉的一代"的"80 后",如今最大的已经 41 岁,而年纪最小的也已经 32 岁,妥妥的中年人了。看看朋友圈,怀旧风潮已经开始笼罩整个"80 后"群体。

有人调侃"初中英语课本里的李雷和韩梅梅该结婚了吧",有

人戏谑"'80后'们，别说你没玩过这些游戏"。怀旧的对象从弹珠、铁皮青蛙等玩具，到《小龙人》《黑猫警长》《葫芦娃》等动画片，再到翻花绳、跳房子等不一而足。就连听歌都不愿去尝试新的歌曲，一水儿都是"经典老歌100首""怀旧音乐合辑"，熟悉的旋律响起好像才有安全感。

有网友在百度怀旧吧里写道："大概是老了，每当筋疲力尽的时候，有委屈无处诉说的时候，总是不由自主地想起以前的温馨往事。也许当时并没有那么美好，如今想起来却只剩下温暖，令人唏嘘。"

也有人指出，我们之所以怀念过去，尤其是童年，即便是物质匮乏，吃不饱穿不暖，现在想来依然是快乐无比，那是因为我们不用操心柴米油盐，没有生活的压力。如今，步入中年，房贷的压力、婚姻生活的琐碎、孩子的教育、父母的养老……任何一项都能把我们拖入焦虑。如果当下香车宝马，混得风生水起，谁会乐意去翻以前的老皇历？

很多心理治疗师都会遇到患有"怀旧症"的病人。心理学家解释说，当人们在现实生活中的欲望无法得到满足时，很容易将炙热的情感寄托于过往的回忆中。

电影《一念无明》中，阿东的母亲长年患病，生活无法自理。她终日蜷缩在那间阴暗的房子里，喋喋不休地说着自己美好的过往：富裕的家庭，爸爸妈妈对自己的疼爱。可每当从回忆中醒过来时，她却失望地发现如今的自己过得有多糟糕、狼狈。

原来，年轻时候的她嫁来香港，原本渴望过上幸福、富足的生活。当梦想逐一破灭后，她越是怀念过去，越觉得现在的自己过得真的很不幸。不满的情绪越积越深，她也变得越来越歇斯底里。

阿东在这种环境中长大,母亲终日的抱怨、指责及反复无常的情绪让他也变得敏感、暴躁,最后甚至患上了躁郁症,一家人也因此变得越来越不幸……

心理学家分析说,沉迷于过往的人,通常会有以下几种表现。

(1) 后悔于当初的某项决定,内心藏着遗憾、不满。生活中,也许你曾听到身边的朋友不停地感慨,或者你自己也曾发出过类似的抱怨:“要是刚毕业时选择考公务员就好了……”“当初要是选了 IT 专业就好了……”“要是选择去大城市就好了……”

(2) 守着某些“陋习”不放,希望目前的生活变得和以前一样。比如生活中很多人结婚后遭遇变故,明明生活拮据还是保持着婚前大手大脚的消费习惯,不愿意正视现实。

(3) 认为自己不够好,甚至认为自己不可救药。当我们活在过去时,潜意识里会认为现在的自己很糟糕,然后抗拒学习新东西,认为自己不可能会取得进步。

人的欲望越多,心理上的痛苦就越多。而现实的不幸,会让一部分人无比怀念过去的美好。真正为此付出过代价的人却深刻地认识到,沉湎于过去只会让我们失去更多。

充实现在

如果你现在过得很不如意,并对过往的幸福念念不忘,就一定要想方设法让当下的自己变得充实、忙碌起来,让自己没有时间和精力去回想过去。唯有踏踏实实地办好当下的每一件事,将每一个难题处理得利索、干净,你才能迎来久违的幸福感。

接触新事物

去接触新事物，交新朋友，学习新东西，以此来激发自己的自信心。在此过程中，你要给自己更多的心理暗示："我很好，我目前所拥有的是很多人都羡慕的……"

控制回忆的时间

每次不由自主回忆起过往的美好时光的时候，一定要控制时间。比如告诉自己："我只允许自己怀念 3 分钟，之后就要开始行动了。"学会用过往的美好去激励自己。

你要明白，人生是一个动态的发展过程。无论以前的你有多优秀，过得有多快乐，都不能代表现在和未来。你必须以积极的心态去面对生活，找到当下的目标。

减少回忆过去的时间和频率，你的幸福指数才能持续地攀升。如果你一味沉浸在过往回忆中，过得糊里糊涂，颓废抑郁，未来的你回想起今天的自己就会只剩下痛苦。加油把握好现在，将那些求而不得的痛苦消融在努力中，未来的你依旧会为现在的自己感到自豪。

怀旧并不等于逃避，我们可以怀旧，但怀旧的本质是对过去美好事物的回忆，而不是对现实的逃避。踏入中年，也不意味着生活进入囚笼，每个阶段都有属于自己的美好。中年人，要从怀旧的忧伤中挺身而出，勇敢活在真实的今天，才能构建更美好的生活。

4. 中年人都患有一种叫“老了”的绝症

老去,是每个人必然都会面对的一个命题。但人到中年,忽然发现眼角悄然爬上的鱼尾纹,第一次被称呼“大叔”“阿姨”,或者是第一次发现自己熬不动夜了,又或者是自觉穿上秋裤的那一刻,还是会不安,对老去的恐慌不可避免地在心中炸开。

当我们身体里的每一个细胞正随着年华的逝去而渐渐凋零,我们多么希望时光能够暂停。可是,时间无情的脚步不会迟来半秒,心里的恐慌也会日渐加剧……

但仔细想想,人生每个阶段都有美好以及困惑。青春是美好的,满脸的胶原蛋白,如花似玉,但内心的迷惘也令人心烦意乱。这个阶段要解决的问题太多,职业、婚姻都要在这个时期解决掉。

到了中年,我们为什么对“老了”异常敏感?我们恐惧的只是表面容貌上的衰老?

首先,恐惧变老的根源是害怕失去。

人到中年,最大的感受就是一种“丧失感”。青春、美貌、激情、体力,以及身边的人都在悄然离去。这种丧失,给中年人带来了巨大的心理冲击。

其次,恐惧变老其实是担心自己能力不够。

人到中年,当我们自身的能力不足以应对很多问题的时候,就开始怀疑自己,焦虑不已。焦虑自己没有能力给一家老小创造更好的生活,焦虑自己还没有获得什么成就就迎来了暮年。马家辉曾在《圆桌派》里说:“假如你觉得自己老了,你不是老了,你是恐惧老，恐惧自己能力不足够，你有焦虑。”

再次，恐惧变老是害怕被这个世界淘汰。

有多少中年人不曾被新入职年轻人的出生年份惊到过。当听到腾讯新闻报道，2020 年，无数中年人遭遇裁员，却有“00 后”的年轻人晋升到了阿里 P8（高级技术专家），年薪百万，你是不是心里发酸？“00 后”都杀入职场，大显神威了，而自己还混在不尴不尬的位置，上不去。

更令人难过的是衰老的副作用：记忆力下降、反应迟钝、适应力差、接受新事物的能力变弱。HR 挖空心思、想方设法让更年轻、更有激情、更有魄力、更有才华的人替代你。残酷的社会淘汰机制，让你日日如履薄冰，害怕明天就被淘汰掉。这种战战兢兢，担忧被时代的火车抛下的“被淘汰感”，直接加剧了我们对年龄的恐慌。

有一期《圆桌派》的话题叫作“有备无患的老年人生”，知乎上也有类似问题：“如何坦然面对慢慢变老？”

要做到坦然面对衰老很难，但也不是不可能。

害怕身材走样就去健身房

沈阳的王顺德，80 岁了，满头银发却身材健硕，容光焕发，一身时尚范儿，被称为中国最帅“老鲜肉”。他从 50 岁开始健身，练出腹肌，创造“活雕塑”，79 岁走上 T 台。长达 30 年的不间断健身，是王顺德与岁月抗衡成功的秘密。如果你不甘于沦为大腹便便的油腻中年大叔，那就去健身房吧。

害怕被职场淘汰就去提升工作技能

不是所有工作都吃青春饭，多数工作需要经验的积累。20 岁的确有拼劲，但 30 岁的优势在于经历了十多年的积累和沉淀，已经在领域内有所成就，这是刚毕业的年轻人无法匹敌的。害怕被淘汰，就苦练内功，这是解决职场中年危机的关键，也是治愈年龄恐慌的关键。

对失去抱有平常心

其实，变老的过程也是我们积攒能量的过程。我们付出的每一分努力，都在成就一个更好的自己。从这个角度看，时间的逝去让我们失去了很多，但也让我们得到了很多。

主持人窦文涛曾问蒋雯丽："你愿意回到二十几岁的时候，还是愿意做今天的这个你？"蒋雯丽答："我想过这个问题，我觉得还是愿意做今天的自己。"

生命本来就是一个离去的过程，从出生，我们就直奔衰老死亡而去，没有人能幸免。我们能做的，就是在有限的人生中认真体验，全力以赴，活出精彩的自己，不留遗憾地老去。

5. 少一点"羡慕嫉妒恨"，人到中年学会知足

简书上有一篇文章名为《逼死中年人的标配人生》，里面列出了中年人的标配人生：已婚有房有车有娃，步入高层月入百万，运

动是高尔夫、马拉松……总之,到了人生这个阶段,就必须拥有一定的物质和人脉储备,同时还要完成结婚生子这样的人生大事,才算得上人生赢家,才能拥有所谓的幸福。

于是,我们去了一趟同学聚会,就凌乱了,因为当年比自己还差的同学开的是100多万的豪车,而自己的代步工具不过二十几万,还是贷款购买;于是,我们不情愿地把明亮宽敞的三居换成了一间老破小的学区房,因为朋友家的孩子上的都是重点小学,自家孩子怎么好意思蹲在普通小学呢。

越来越多的中年人,一面羡慕着别人光鲜亮丽的生活,一面悲哀于自己的狼狈落魄。被嫉妒这头丑陋"怪兽"绑架的中年人,早已失去了当初的热血,变得蝇营狗苟、戾气十足,各种悲观、偏激、阴暗的想法层出不穷。

著名主持人白岩松说:"当你追求的不是幸福,而是比别人更幸福时,快乐就要远离我们了。"人有攀比心很正常,由攀比心引发的欲望一定程度上能激励你奋勇前行,但那种越来越严重的阴暗攀比心理却会让你慢慢遗忘初心。

也许我们没有活成心中那个理想的中年人,财务自由,时间自由,梦想成真。但相比曾经一无所有单枪匹马出来闯荡的自己,现在已经拥有太多太多了。想要让纷乱的心安静下来,就多关注自己所拥有的,学会知足。

明朝金溪人胡九韶家境贫困,为了能够养家糊口,他一边做村里的教书匠,拿微薄的报酬;一边努力耕作,各种农活样样拿手。尽管如此,家里的状况始终没有什么改善。

妻子眼见邻居们的生活蒸蒸日上,不由眼红不已。她每日抱怨个不停,胡九韶却一笑了之。每到黄昏时分,胡九韶都要来到门口焚香,朝天恭拜,口中念念有词:“感谢上天又赐予我一天清福。”妻子气极反笑:“我们一日三餐都食菜粥,何来清福?”

胡九韶缓缓说道:“你我生在太平盛世,并无战争兵祸,此为一福;我们全家人有饭吃,有衣穿,有房住,不至于流落街头,此为一福;我们家既没有病人也没有囚犯,此又为一福。这三种福气加起来,可不就是清福吗?”

有一句话叫作“人比人,气死人”。无论你怎样努力,哪怕用尽力气,也无法满足你内心无限膨胀的私欲。当你败给攀比心时,就注定要饱尝苦楚,受尽煎熬。

有些人在游览丹麦和瑞典等北欧国家后会发现,那儿的人不在乎物质享受,也很少谈论金钱、名利等话题。绝大部分北欧人穿着朴素,开着旧车,一日三餐都很简单。每晚七点后,街道上通常安安静静,没有繁华都市里的人习以为常的夜生活。在这里,大家的消费欲望都很低,心态十分平和。平时,他们着迷于各式各样的户外体验,对大自然的馈赠感恩无比。

林肯在竞选总统时的演讲中饱含深情地说:“我的妻子女儿、满壁的书柜和幸福的家庭就是我最大的财富!”他真挚的态度打动了美国民众。

宗教或者哲学里都会强调一个“圆满自足”的概念,意思是人要摒弃贪欲和嫉妒心,充分地活在快乐的满足中。处处与别人比来比去只会让你活得越来越累。

降低欲望值

想要追寻真正的快乐与幸福,不妨尝试着去降低欲望值。按照经济学的观点,同样的事物会产生相似的效用,可是现实往往并非如此。欲望值越高,所能得到的幸福就越少。比如,一位有钱人和一位穷人都捡到了一百元,富人的欲望是买下一栋更大的房子,一百元对他而言是杯水车薪。而对于穷人而言,他的欲望只是吃一顿饱饭,一百元给他带来的幸福感是无与伦比的。

有这样一个幸福公式:"幸福感=得到的-期望的"。虽然欲望的满足能带给我们幸福感,但这其实是一件很难的事情。只因"人生而有欲",欲望伴随着人的一生,欲望实现带来满足感的同时也会提高你的阈值,令你越来越不容易感知到幸福。

泰戈尔说:"人到中年,会放弃虚幻的世界和不切实际的欲望,总是把它局限在自己力所能及的范围之中。"将欲望值设置得过高,只会迎来越来越多的失望。将欲望值调低,就更容易达到目标,获得快乐的心境。这种快乐也是促使我们向下一个目标迈进的动力。

6. 焦虑无用,和孩子一起自然成长

不管是已经升级做了爸爸妈妈的,还是正在期待孩子到来的准爸爸准妈妈,抑或是根本没打算生孩子的夫妇,只要聊起孩子,立马变得焦虑。

有个年轻妈妈曾调侃:“自从有了孩子,我都快成女神经了,整天不是担心这个就是担心那个,生怕自己的孩子以后比别人差。”

现在不少年轻家长在孩子的养育问题上越来越纠结,以致吃不好,睡不稳,脾气也变得非常暴躁,这就是在新手父母身上非常常见的“养育焦虑症”。

不少年轻家长的“养育焦虑症”从准父母时期就开始了。孩子还没出生就开始纠结选择哪本育儿书,跟随哪个育儿理论流派,选择怎样的胎教方式,等等;孩子一出生,这样的焦虑就更加严重了。

孩子打一个喷嚏,就赶紧回想过去的一天里是不是让孩子受凉了。

孩子感冒发烧,闭上眼睛就会想孩子会不会烧坏脑子,会不会烧成肺炎,恨不得自己变成一支温度计 24 小时不休不眠地监测。

孩子爱吃肉,担心他会不会变胖;孩子不爱吃肉,又担心他营养跟不上。

孩子睡得晚了,担心会影响到孩子的生长发育;孩子睡得早了,又想今天孩子是不是不开心。

孩子在外边打人,担心孩子太暴力;孩子被打了,又担心孩子不够勇敢。

孩子到了启蒙阶段,又开始纠结先读《三字经》好,还是先读《弟子规》好。

孩子到了上学时间,这样的担心就更为严重了,选哪家幼儿园,上什么小学,报什么班……焦虑就像无数虫子,啃噬着父母的心。

做父母的为什么如此焦虑?表面上看,是因为爱孩子才担心孩子。实际上,是对自己的不确信和孩子的不信任,不确信自己能把孩子培养成才，不信任孩子的能力，所以才导致对孩子未来的各种担心，失去了确信与笃定。

而之所以发生这种情况，是因为父母没有和孩子一起成长。

许多父母忽略了做父母对他们来说是一门从零开始的学科，他们没有去学习如何做合格的父母，没有从宏观上把握孩子的成长，而是只关注孩子每天冒出的问题，结果被动地陷入烦恼的泥沼。

比如，一些父母看到别家的同龄孩子都会认好多字了，就赶紧开始对自己的孩子进行文字启蒙。孩子早早地就开始识字、学算术、背唐诗、学外语，直至到了幼儿园又开始了漫长的兴趣班生涯。这种过度早教不仅不会起到很好的启蒙作用，还会使孩子遭受“心理虐待”。

和孩子一起成长，意味着父母自身也要成长。

到了中年，有了工作，有了家庭，有了孩子，达到了一种表面上的“圆满”，许多人便放弃了自我探索。生活中彻底放松，选择了一条安逸的路去享受生活，看上去悠然自在，轻松洒脱，幸福稳定。放弃自我成长的父母，很容易把自己的梦想转嫁到孩子身上，给心中设定一个“理想小孩”的形象，希望孩子主动符合自己的期待。一旦孩子不符合这个设定，父母就会加倍去修理孩子、控制孩子、改变孩子。

拒绝成长的父母成了孩子成长道路上的“创可贴”，哪里有问题就贴哪里，却治标不治本。这样的状态只会让父母变得更加焦虑。

越来越严重的“养育焦虑症”，不仅深深困扰着年轻父母自己，还对孩子成长带来了极其严重的负面影响。相关统计表明，有相当一部分年轻父母在“养育焦虑症”的支配之下对孩子进行了过度的早教。

克服“养育焦虑症”对于每个年轻父母来说都是一项迫在眉睫的任务。你可以参考以下方法来克服自己的“养育焦虑症”。

记住,孩子处于不断变化中

父母有必要时刻告诉自己:孩子在成长,他会向前发展,会有变化,会渐渐成熟,信任这一自然的过程十分重要。对于孩子现在不具备某些品质,不代表以后也不会具备。孩子需要的是正确的引导,而非父母无止境的恐惧与对自己未来的焦虑。

不要将孩子的行为赋予歧义

父母应该经常提醒自己孩子在进步,而不是主观地给其行为下定论。

孩子在成长过程中不断学习各种技能,父母竭尽全力帮助他寻找到正确的方向,引导他做出准确的选择,好过一味担忧并纠结他为什么会做那么愚蠢的决定。

分清事实与推断

父母没有权力将自己的思维、观念强加到孩子的身上,但是有责任与孩子一同面对他的不足与缺陷,以及尚未解决的问题。父母不应该通过自己的推断、想象等将情况扩大化,进而引发更加严重的问题。

为了孩子,也为了你自己,请你不要再因养育孩子而焦虑。

7. 活得通透的中年人，都不再竭力讨好所有人

电视剧《我是余欢水》描述了一个竭尽所能妥协却不被善待的中年男人余欢水。他竭尽全力讨好所有人，他讨好上司，却被嘲笑“活得越来越没有人样”，大雨天被刁难不准请假接孩子；他讨好兄弟，借出去的13万不仅要不回，还被对方威胁“再逼款就绝交”，不得不道歉称“我们这么多年的兄弟，我很珍惜”；他讨好妻子，想给妻子买辆车代步，却遭到妻子的误解和谩骂。

前四集描写了余欢水作为一个失意中年男人所有的囧和怂，他对所有人唯唯诺诺，生怕得罪任何一个人。即便这样，生活还是处处打他的脸。他看不惯狗在电梯里撒尿，却不敢据理力争，结果反被狗主人指着鼻子骂。

这就是一个中年男人生活的真相，害怕变故，害怕失去，如果无力将一切变得更好，就尽己所能维系着眼前的“岁月静好”。这让无数中年人从余欢水身上看到了自己的影子，忍不住同病相怜。

而之后的剧情是，因为查出癌症觉得时日不多，余欢水终于放下了以前的包袱，开始一路反击。他揍了那只总爱在电梯里撒尿的小狗，当狗主人找上门来，他用啤酒瓶吓走了对方；他不再讨好妻子，果断离婚；他发狠找兄弟要回了13万；在办公室里也不再忍气吞声。而当他开始绝地反击之后，家庭和事业双丰收，实现了人生大逆转。中年废柴余欢水完成了自我救赎。

吉姆梅尔提出：“最高明的处世术不是妥协，而是适应。”有的时候，我们退缩得越多，留给我们的空间就越少；我们越卑微，一些

幸福的东西就会走得越远。所以,在很多事情上,该坚持的就要去坚持,该争取的就要去争取,一味地妥协容忍,只会被一次次地践踏底线。

毕淑敏在文章《不要总想表现得比实际情况要好》中写道:“我们把一个不真实的自我呈现在别人面前,并以为这才是可爱的,才是有价值的。而那个真实的自我,则是上不得台面的残次品,是应该被掩藏和遮盖的。”

毕淑敏认为当我们隐藏真实的自己,去扮演一个被人喜欢的角色,时间长了就会变成一个“分裂”的人。

她以自己为例子,年轻的时候,她总想表现得比自己真实状态更好一点,便不由自主地想要作假。明明不快乐,却也要表现出欢天喜地的兴奋;心里面对领导有意见,却故意在领导面前卖力工作;在会议上明明心里有着不同的意见,却因为不想特立独行,便放弃主见随波逐流。但其实,无论再怎么遮掩,彼此之间的不和谐大家都心知肚明。

后来,她决定要以真实面貌示人,认为没有必要取悦他人,委屈自己。这样做了以后,她本以为机会会少很多,却不想,反而为她带来了更多的朋友,更多的机缘。

讨好别人不如取悦自己。人到中年,我们的时间和精力越来越有限,不必奢求和所有人都保持良好关系,跟谁在一起舒服就和谁在一起。对于那些让自己不舒服的人,让自己觉得累的人,自然而然远离就是了。

学会拒绝,把闲杂人等请出你的生命,才能越活越高级。

远离看不起你的故人

有一种人,原本是平等的朋友,后来高升,就开始瞧不起原来的旧友了。你念旧情,偶尔邀请他吃个饭,并没有事求他,但他总以为你有所图,端个架子,摆个谱,来吃饭就像施舍你一样,甚至在饭桌上,把你当下属看待。

朋友关系需要建立在互相尊重的前提下,偶尔聚聚,也图个轻松愉快。这些人已经和你不在一个圈层了,就不必强融了。何况你又不求他办事,为何自找不痛快?

远离喜欢搬弄是非的人

静时常思自己过,闲谈莫论他人非。总有些人热衷于对他人说三道四,爱谈论一些子虚乌有的事。和这类人走得太近,很容易给自己带来一些麻烦。

比如,你今天请一拨朋友吃个饭,酒到酣处难免会泄露点隐私。大嘴巴的人在饭桌上,第二天就会添油加醋地把别人的隐私传遍天下。结果,你请的一帮朋友,不但不领你的情,还会埋怨你请了一个大嘴巴。

拒绝大小事都麻烦你的人

有一种人并不是有难了才求助,而是不管大事小事都麻烦别人。明明百度一下就能解决的事,偏偏就不想自己动手,要找你帮忙。像这种什么都喜欢麻烦别人的人,他们往往不懂得感恩,在需要别人的时候异常热情,不需要的时候极端冷漠,这样的人明摆着占便宜,我们没有必要讨好了他们委屈了自己。

帮人要有自己的限度,不能什么事情都随口应承,超出自己能力范围之内的一定要拒绝。否则自己勉力去做一件事情,不但不会赢来别人的尊重,还会吃力不讨好。

“你生命的前半辈子或许属于别人,活在别人的认为里。那把后半辈子还给你自己,去追随你内在的声音。”

8. 越光鲜的中产阶级越没安全感

32 岁的傅言是一个货真价实的海归,年纪轻轻就进入了公司的管理层。两年前还结束了爱情长跑,把深爱的女孩变成了自己的妻子,现在他的孩子已经快满一岁了。

平日里,傅言的生活也是有格调、有品质。他喜欢小众的设计师品牌,热爱音乐与时尚,钟情户外运动和健身,积极参与慈善活动。

在外人眼里,傅言事业有成、家庭幸福,过着大多数人都在追求的生活,这样的生活就应该是无忧无虑的。但傅言却远没我们想象得那样开心,他也在焦虑。他怕事业止步不前乃至失业;他怕买不起学区房,给不了孩子一个好的未来;他怕正在迅速衰老的父母突发疾病……

不少人都有这样的共鸣:当初刚从大学校园里出来,一穷二白,住着潮湿的出租屋,吃着路边最便宜的盖饭,那样的日子虽然艰苦却很满足。后来事业上渐渐有了起色,爱情也有了结果,日子在以看得见的速度变好，这时我们不仅没有获得踏踏实实的幸福感，反倒越来越焦虑。

在潜意识里，我们认为眼前的幸福都不够牢靠，稍不留神就会失去。担心来之不易的幸福会溜走让我们感到焦虑和没有安全感。

从心理学的角度上来看，怕失去身边的人或拥有的事物，可以理解为是在害怕与人或事物分离。在我们与某人培养出了一定的情感或者拥有了某物时，就相当于和某人或某物建立了关系，而且我们会在这层关系中自然而然地投入情感和产生期待。当预感到某人或某物将要离开我们的生活时，我们就会感到慌张、焦虑、不知所措。

我们之所以总在害怕失去，是因为担心得不到更好的。我们害怕失去的根源其实是对自己的不自信。我们担心的，不是对过去的眷恋，而是对未来的恐惧；你焦虑的，不是对失去的恐慌，而是对能否得到的不确定。

所以，中年的中产阶级每天活在各种焦虑中，担心未来失业赚不到钱，养不起孩子，照顾不好老人。即使赚到的钱足够家里用，依然会担心有一天要是破产了怎么办呢？维持不了现在的生活水平怎么办呢？

期待着将来，也焦虑着将来，因为将来有太多的不确定因素，我们无法确保在这些因素中全身而退，正所谓“计划赶不上变化”。

人生有 90% 以上的焦虑都只存在于自我想象中，所以没事儿别老想着以后，很多事无法提前完成，想得太多除了徒增焦虑，别无益处。

那些表面光鲜、内心焦虑的中年人，要想重建内心的安全感，应该怎么做?

持续经营

不管是在亲情、友情还是爱情中,我们之所以会担心失去对方就是因为我们在彼此之间的情感交流中出现了某种意义上的"情感空白期"。比如,我们最担心的就是失去某些长期不联系的朋友,我们也会因为和恋人联系频率的降低而担心情感破裂,长期不联系远在家乡的父母兄妹我们会不由担心他们的身体状况,这些担心都是因为我们没有好好经营这段感情。

打破这些焦虑没有别的方法,只有好好经营。不管是亲情、友情还是爱情,长期不联系、不经营,难免会产生疏远,这样的疏远是导致我们焦虑的主要原因。

开始理财,购买保险产品

我们因担心失去而焦虑,很多方面都跟经济挂钩,也就是说,很多时候我们担心的都是自己没钱或者钱不够用。既然如此,不妨从现在开始理财,购买一些理财产品和保险,为自己的财产、生活、健康以及未来系上安全带。财务方面的焦虑要通过财务手段来解决。

发展自己的爱好

不得不说,很多时候我们之所以太过害怕失去,并因此而紧张焦虑只是因为我们的神经太过敏感,我们把注意力全都放在了拥有的东西上。此时,我们可以通过转移自己的注意力来缓解焦虑。

我们可以通过发展自己的爱好,学习一些自己感兴趣的东西来分散自己的注意力,缓解自己的精神紧张,比如,烹饪、户外运动、书法等。

人都是不知足的,得到的越多,拥有的越多,就越是害怕失去。见过了更好的就想拥有更好的,我们不能强迫自己回归以前的清苦,却可以在现有的生活中调整好自己的心态,让自己不再焦虑。

第八章

不设限，中年依然有无限可能

1.永远不要对自己说“我这辈子就这样了”

“我要是再年轻几岁，早就和你一起去创业了！”“你以为我跟你一样年轻吗？我现在拖家带口，可不敢去大城市闯荡。”“我都40了，还能怎么样？”……年龄，是中年人最常拿来当作羁绊自我脚步的借口。心理学家分析说，中年人喜欢拿年龄当作借口，其实是一种对现实的逃避。

“得到APP”的创始人罗振宇曾在一场演讲中提到山东老太姜淑梅。

姜淑梅当了一辈子农民，辛辛苦苦养大6个孩子。因为一场飞来横祸，姜淑梅的老伴永远离开了她。为了寻找精神依托，姜老太开始学认字，那一年她60岁。后来，她尝试着用文字去记录心情。

她每天早上坚持5点起床写作,多辛苦也不觉得累。到姜老太76岁那一年,她发表了自己的第一本小说《乱时候,穷时候》。到了81岁那一年,姜老太已经发表了4部小说。

相比姜老太,我们年轻太多,又为何要相信一辈子就这样了呢?

喜欢拿年龄当借口的中年人,骨子里对竞争其实十分恐惧。为了将自己内心深处那份恐惧、软弱合理化,很多人将目光盯准了与年龄息息相关的社会问题。比如"不是我非要强调年龄,你看看那些招聘启事里的年龄限制",潜意识里其实是想给自己找到托词。他们会这样劝服自己:"不是我不努力,毕竟年龄到了嘛!""能怪我不争气吗?我都这个年纪了还拼什么?"归根结底还是一种逃避心理在作祟。

人到中年,就真的没有逆袭的机会了吗?

不冲动

想要脱离平庸,就一定要走稳每一步。每次下决心做出改变前,一定要做好准备。比如,你今年30岁,在国企上班多年,十分厌倦那种复杂的职场关系和无聊琐碎、一眼望得到头的生活,于是你特别想辞职。在行动之前,一定要衡量清楚转行或者换新环境所附带的各种成本。你要明白,若选择从头开始,你的起点将与那些大学毕业生毫无区别。

就像有人选择在30岁时离开国企,加入互联网公司感受竞争和压力;有的人却选择从私企辞职,回到家乡备考公务员。选择因人而异,如果你不喜欢现在的工作,就大胆去尝试,而不要将年龄当作借口,以掩饰自己的懦弱。

记住,行动之前,做好周密计划。

迈出第一步

有的人 40 岁之前一直在为别人打工,后来却生起了创业的念头。他一直犹豫不决,担心自己已经错过了创业的黄金年龄。就在犹豫纠结的过程中,他错过了很多机会。其实,做任何事情迈出第一步至关重要。只想不做,再好的计划都是纸上谈兵。

发挥年龄优势

年轻有年轻的优势,变老也有变老的优势。

人的智力分流体智力和晶体智力两种,前者会随着年龄增大逐渐下降,而后者会随着经验的累积逐步提高。

现实生活中,那些大器晚成的例子比比皆是。很多中年人眼界开阔,阅历深厚,专业造诣极高,人脉资源也很广,相比年轻人,拥有的机会也更多。充分发挥年龄优势,他们有很大概率脱离平庸的生活。

不要因为年龄而畏首畏尾。有了好机会,一定要牢牢抓住;有了好的想法,也要第一时间去尝试。

2. 不要让人生败给想得多,不敢做

中年人最擅长的是思考:在脑海里想得天花乱坠,嘴上也说得头头是道,可到了真正付诸行动的时候,却胆怯了,仿佛被八匹马拽住了。

纪梅38岁时,人生糟糕到了极点。她没有事业,婚姻也亮起了红灯,家庭濒临破碎。她躺在床上为自己的人生列下了无数计划。比如,她想学别人在朋友圈卖面膜,或者去做代购;她还想出去找一份工作,或者考个营养师证。但她也只是停留在计划上,总想等想好了或者等时机成熟了再开始。

很少有中年人敢于放弃现有的一切从头开始,因为谁也不敢保证,做出这种改变,一定能在未来收获更多,获得更好的生活。对未知的恐惧限制住了大部分中年人的脚步。

但是,站在河边待着不动的人,永远无法渡过河去。

犹豫是人性的一个弱点,犹豫不仅会偷走你的机会,还会浪费你大量的时间和精力。决断迅速、该出手时就出手的人,即使犯错误,也不要紧。因为他对事业的推动作用,比那些胆小狐疑、不敢冒险的人大得多。

何况,在当今这个知识经济时代,市场环境瞬息万变,不冒风险反而会变成最大的风险。就像当年国企改制的过程中,很多得过且过的员工一夜间下了岗,进入市场后才发现自己一无所长,连

生存都成了难题。在竞争愈发激烈的今天,“求稳”是最具风险的策略。想要比别人进步得更快,就要比别人学习得更快,改变得更快。

马克·维克多·汉森人到中年,经营的建筑公司破产了。失败后的他果断选择退出建筑业,并决定去一个截然不同的领域创业。因为对公众演说一直抱有兴趣,所以他决定朝演说家的方向发展。

经过一段时间的努力之后,他的演说极富感染力。后来凭着自己的演说经验,他出版了著作《心灵鸡汤》和《心灵鸡汤 2》。两本书都一再登上畅销书排行榜,马克不仅因此名噪一时,更拥有了巨大的财富。最重要的是,他重新找到了自己人生的路途。马克用自己的亲身经历告诉人们:只要勇于尝试,敢于探索,就有成功的可能。

人到中年还是应该勇敢地去接受未知的挑战,因为有些时候,冒险尝试比坐以待毙能赢得更多发展的机会。

有的人犹豫不决是因为他总会想自己这样去做后会不会后悔?结果能否令自己满意?自己是否能坚持走下去?这些顾虑束缚住了他行进的脚步。如果你因为害怕犯错、害怕失败而止步,那么成功只会永远在离你千里之外的地方。

人生有许多新鲜事物等着我们去尝试、探索,挑战自己,去做没做过的事,谁说就一定不会成功?就如卡耐基所说:“人生本来就是一场冒险,那些有成就的人往往都是勇于尝试的人。”

中年人,不要停留在想的阶段,思考加上行动,并在行动过程中发展进步,才能真正改变命运。

相信自己的直觉

著名作家马尔科姆·格拉德威尔曾提出一个观点:那些经过繁杂周密的思考做出的判断,有时候它能产生的效果远远比不上依赖直觉做出的判断。当你陷入思考中不知道如何去做的时候,不妨相信自己的直觉。捕捉你脑海中闪现的第一个想法,并立马采取行动。

缩短 deadline(最后期限)的时间

很多时候,因为做一件事情的时间比较宽裕,你便有了胡思乱想的余地。为了过滤这些无用的思绪,不妨人为缩短 deadline 的时间,让自己来不及思考,只能立马行动。

比如,你需要花一个星期时间去完成一篇文章,这时不妨将写作时间压缩在一天内。在时间如此紧迫的情况下,你忙着查找资料、动笔撰写,根本就顾不上胡思乱想。

迈出第一步

"万事开头难",不要想到做这件事这样也无把握,那样也不保险,就不敢迈出脚步。当你迟疑的时候,或许别人就会捷足先登。实际上,事前追求百分之百的把握,结果却常常是一个真正有把握的办法也拿不出来。所以我们不应该把精力放在追求"万全之策"上,而应该立即去行动,迈出第一步。

塞缪尔·约翰逊说:"如果要先搬掉所有的障碍才行动,那就什么也做不成。"不要想太多,最关键的是要去行动。要知道,问题都是在行动的过程中被攻克的。

3. 刷新自我，赢在中年起跑线

2020 年 4 月 24 日晚，一直坚持线下渠道的格力董事长开直播带货。最直接的原因是因为疫情，格力第一季度损失 300 亿，第二、三季度空调销售几乎为零，而以前销售额都在百亿。

虽然董明珠的直播首秀成绩并不理想，销售额和“一天卖了一个亿”的李佳琦、“一夜赚了一套房”的薇娅简直没法比，但董明珠作为高冷的董事长，敢于放下面子做直播，真的称得上是刷新自我了。

很多人把中年比作是中午的太阳，虽然能量很足，但已经避不开日落西山的命运。所以，很多人就懒得再折腾了，觉得反正也折腾不动了。其实，中年并不是一个万事皆休的时期，也可能是一个新起点。关键在于，中年人是否能以一个开放的心态面对这个世界的变化。

2019 年“双十二”晚间，高晓松参与公益直播项目，做客李佳琦的直播间，并说如果直播卖货达到 100 万元就涂口红。结果是，高晓松被李佳琦涂口红三次，然后登上微博热搜。

很多人到了中年就开始服老、认命，不再接纳新知识，习惯用旧观点来看待自己，看似是人在江湖身不由己，其实是败给了自己。

在《给 40 岁的崭新开始》中，作者松浦弥太郎给出了这样一个观点:40 岁才是人生的开始,70 岁才是人生巅峰。他以自己的亲身经历和体会告诫我们:40 岁才是重新审视人生的最佳年龄,无论是停顿休息保持原有的生活,还是往前冲去探索新生活,只要能挣脱年龄的束缚,都会在中年重新焕发光彩。

刷新自己,是为了创造更好的自我。但对中年人,这是一个无比艰难的过程。因为一些中年人处于一个相对满足的状态,刷新自我就意味着要让沉浸在成功中的中年重新抬起头,找到新的目标。这就需要舍弃和归零的勇气。

人到中年,如果一直躺在年轻时的功劳簿上,就很难再有大的突破,也无法逼出自己的潜力。敢于归零,不仅是对自我的一种挑战,更是对自我的一种激励:

少说“我现在已经很知足了”

不少中年人习惯自我安慰“我现在已经很知足了”。这里的“知足”不是对生活满意的知足,而是放弃成长的知足。

人到中年,很多人觉得未来的人生一眼就能望到头,沮丧的同时就随波逐流,选择了得过且过,敷衍将就,这背后最大的借口是年龄。其实,按现在的平均寿命 75—80 岁看,即便是 40 岁,放弃努力和改变自己也为时过早。

少说“我不想知道”

面对一些小年轻玩的东西,中年人总是不屑地说“我不想知道”,觉得自己早就过了尝试新鲜事物的年龄。当一个人主动停止自我更新,放弃学习,就等于默认自己已经老化。

在这个日新月异的新时代,中年人要敢于抛弃过去的经验、知识,还有自尊,像一年级新生那样去接纳新资讯、新技术和新文化。尝试新事物的过程,会打破中年人内心的一些旧认知,让中年人保持思维活跃,更有激情和活力。

少说“这事我做不了”

面对新的挑战,中年人习惯说“这事我做不了”,这是因为中年人已经习惯了固有的做事模式,一旦有所变动,就很抗拒。这是典型的自我设限,等于把自己设定在了一个固定的框框里,不相信自己有能力做出突破。

其实,未知和不确定,何尝不是探索自己潜力的机会呢?与其过早投降,不如试试看,也许结果会出乎意料。

一切事物只有不断刷新自我,才能避免被淘汰。中年人也要不断归零自己,不害怕挑战,也不惧怕环境的变化,想方设法走出新路子,让中年成为一个新的人生起点。

4. 中年叛逆,让你的人生充满更多可能性

大部分中年人都开始精打细算,关心市场上的猪肉、青菜价格。子女的教育,父母的养老,让自己疲于应付。而工作上,几年来一直止步于一个岗位,更是令人觉得无望。

生活每天都是对前一天的重复,不得不承认,中年人有时就像一条咸鱼,根本就没有翻身的能力。似乎,中年人的人生已经定型了。其实,不过是我们在给得过且过的生活找借口。如果你决心

要改变,任何时候都不晚。

演员刘敏涛以“中年叛逆”为主题的一场演讲,不知激起了多少中年人内心的热情和激情。

刘敏涛被众人熟悉,是从《琅琊榜》《伪装者》开始的。其实,很多年前,她就已经担任多部剧的女主角了。她在正当红时,选择了放弃自己的事业,过上了相夫教子的生活。但是,传统意义上的好女人,换来的却是婚姻的失败。

37 岁,刘敏涛离婚了。离婚后,她剪短头发,重拾事业,整个人的气场都变了。她在演讲中说:“既然循规蹈矩、随波逐流的生活并没有给我带来预期的幸福,反而让我在本该神采飞扬的大好年华活得卑微而苍白。那不如就做我自己,随心所欲地去生活中冒险,试试自己的极限到底在哪里。今年 43 岁的我,不相信疲惫和麻木是中年的底色。”

刘敏涛坦言自己“尝到了叛逆的甜头,心中愈发觉得开阔和自由”,成了一个“享受叛逆的中年女人”。

离婚的中年女人就像事业失败的中年男人,在别人看来,这种打击让人绝望,但挣扎的过程同时也是蜕变的过程。

叛逆不只是青春期的特点,当人到中年,就开始反思父母的愿望、社会的标准是自己想要完成和达到的吗,这种反思让中年人渴望为自己活一把,想要重新获取人生的自主权,于是中年叛逆就产生了。就像刘敏涛自问:“标准的生活一定是对的吗?我一定要活在别人的标准里吗?”

当然,中年人的叛逆不是单纯的放肆和放纵,需要勇气和理性的双重加持。否则,中年人的重走青春,不是潇洒,是对未来的不负责任。

人到中年,如何重新定位自己?

找到你的激情

觉得生活很枯燥,那是因为你失去了生活的激情。闭上眼睛想一想,你希望如何度过你唯一的一生。

拿出一张纸,列出那些让你放松的活动,就是你最喜欢的事情。如果有两件或者两件以上,那就在它们之间进行比较,划掉那些相比较不够吸引你的。最后留下的那件,就是你的激情所在。

通过别人了解自己

有时候,我们并不了解自己的长处,哪怕是人到中年。我们可以请别人帮忙识别自己的天赋。不妨约几个值得信赖的好友聊聊,听听他们如何评价自己,以便了解自己的长处和特点。

挖掘你的动机

如果你已经设定好了目标,或者要做的事,那么接下来就要考虑如何保持激情,即动机。比如, 你决定辞职去做新媒体,那么你要想好自己这么做的动机是什么,是跟风?还是热爱?

动机驱使你朝着目标前进,在你犯懒或者被诱惑的时候,负责把你拉回正确的轨道。

一般来说,内在的驱动要比外在的驱动更持久。它可以帮助你洞察自己选择的可行性,是对叛逆的进一步审查。

任何时候的叛逆其实都是自我探索的一个过程,中年的叛逆,确切地说,是对之前所走的路进行一种修正和调整。叛逆带来的改变是很多人渴望的,但其带来的冲击也是巨大的。所以,只有当中年人真正拥有接纳和承受这份冲击的勇气和底气时,才能享受到"叛逆"带来的自由和开阔,进而迈向人生的新高度。

5. "暂停"与"清零",人到中年再出发

中年的你在上一家公司中做到了中层管理,有自己独立的办公室,熟悉公司所有的业务流程,对下属说一不二,似乎没有你处理不了的事情。可是工作的倦怠感随之而来,仿佛已经摸到了晋升的天花板,你决定跳槽。

新进入一家公司,文化、制度等都不同,唯一不变的是你依然保持着之前的"傲气",可在这里你处处碰壁,人际关系难以展开,更不屑于学习新技能。不久后你被辞退,除了抱怨时运不济,别无他法。

其实不管你上一时刻是做什么的,也不管做得怎么样,当下一时刻来临时,都要从零开始,踏踏实实做好每件事。也就是说中年人不可好高骛远,倚老卖老,要秉持"归零心态",时刻保持进步。

赵颖在一家大商场担任采销总监,能力强、业务精,后来由于部门整合,她暂时降级到另一个部门任主管。对于自己的顶头上司部门总监,她充满不屑,十分不服,因为这个总监跟她比起来不仅年龄较小,而且资历也较浅。

她经常对同事发牢骚:“这总监下了这么多任务,怎么可能完成。我在公司是元老级人物,她才来几天,一个小孩天天在我面前指手画脚!”时间一长,大家都觉得她是个只会发牢骚的“破风箱”,搞得人际关系十分紧张。没出三个月,这位曾经“劳苦功高”的“功臣”便被人事部通知去办理离职手续……

缺少“归零心态”的职场人,只能靠过去的学历和资历证明自己的价值,这些只能说明过去,代表不了现在和未来。对职场上的中年人来说,“归零心态”就是面对新环境或新岗位,要进行“清零处理”。不管之前取得了多么傲人的成绩,不论取得过什么荣誉,来到新岗位都要保持从零心态,不能沉迷于过去而止步不前。

唐立平毕业后就职于一家互联网公司,短短三年就做到了团队带头人,之后几年更是迅速跻身高管行列。就在大家都羡慕他的时候,他却选择了辞职,到另一家新公司从基层做起。

身边的朋友都对此表示不解,他的解释很简单:“在上一家公司,我已经‘位极人臣’,很难再从工作中获得额外的成就感和挑战性,只会让我越来越疲惫,不如重新开始。”

果然,到了新公司后,他又恢复了往日的精神活力,带领一群年轻人研发出了多项成果。后来他凭借出众的能力脱颖而出,一举成为公司在某区域的总负责人。

一位企业家针对比尔·盖茨的经历说过一句话:“学位是一段学习的墓志铭,辍学则是一段学习的开始。”这就是“归零心态”,过去的辉煌已经过去,一切从现在开始。

归零心态

身在职场,你可能是成绩出色的名校毕业生,也可能是同老板一起打天下的元老……所有的自信都有一个共同特点,叫作“在过去”,而这里是一个全新的开始。

做过学生会主席与你能管理一个团队没有任何关联,过去是管理层不代表你能在这里拿到年终奖,不同的处所,请先归零你的心态。

归零技能

几乎所有能代表你技能的职业技能证书在职场中都带个问号,你拿到人力资源管理师三级证书,跟你能做好 HR,完全是两个不同的概念。证书仅仅是战前演练,职场中的技能都是通过实战取得,请先归零你的技能。

归零你的需要

中年人更应该明白职场需要用能力交换回报,老板只会为你当下创造价值的能力支付薪水,不会为你那美妙的愿望、苦逼的现状而掏钱。在自己的能力还不足以匹配自己的野心,不足以满足老板的期望时,请先归零你的需求,在工作中不断提升能力,将来你会得到满意的回报。

一旦你和别人处在同一个起跑线时,不要有任何不平衡的想法,要面对新形势,对过去进行“清零处理”。

有了“归零意识”,心态就会变得平和,就能摆正自己的位置,使个人能力得到充分发挥,进而创造良好业绩。

职场清零不是从头再来,而是不为自己设限,在新环境中迎接挑战,超越自己。即使人到中年,也要有随时清零的勇气,在不断“归零”的基础上重新起航,乘风破浪。

6. 在中年瓶颈期蓄力,等待突破

知乎上,有个网友这样描述自己的工作状态:毕业6年多来,他一直从事金融行业的后台工作。行业竞争很残酷,他永远在“搞定客户、搞定风控、搞定领导、搞定财务”的路上,平日里忙得团团转。他自问对工作尽心尽力,比如说,他半年内接了46个单,至少出差了46次,写过46份报告等。但是项目通过率却很低,而且他对接的前端团队,人才流失的情况亦十分严重。目前的他,处于一个很尴尬的位置。他每日情绪都很抑郁,想辞职却又因为年纪大了而不敢贸然行动,想突破自己却又不知该从何做起。

越是抑郁,他越是无心工作,整日胡思乱想。有时候觉得是因为自己能力不够才搞不定方案,有时候抱怨自己待在了不合适的地方,这才迟迟无法突破职业瓶颈期……

大多数在职场打拼过几年的中年人,都有一个共同的烦恼:职业生涯仿佛进入了一个疲劳期、麻木期,做什么都兴致泛泛。当他们对工作产生懈怠后,便开始抱怨自己当初选错了行业。其中,部分人可能会选择频频跳槽来解决目前的困难,可是跳来跳去前途反而变得越发暗淡,于是他们陷入了更深的迷茫中。这其实都是职业发展遭遇瓶颈期的连锁反应。

我们之所以会遭遇瓶颈期，一方面是因为在现有岗位难以达到理想的高度，总觉得自己在日复一日地消磨时间；另一方面是因为我们在工作中遇到的难题迟迟难以得到解决，或总也得不到别人的肯定，心理上变得失落、疲倦，挫败感十足。

其实，一个人的事业发展与两方面的能力息息相关：显性能力和隐性能力。

显性能力指的是你的学历或某项技能等可以看到的、有具体的标准去衡量的能力。而隐性能力却是看不到的，比如说你的毅力、决断力、创新精神、合作精神、自信心等。

大部分认为自己掉入了瓶颈期的人，遇到的大多是显性能力方面的瓶颈。如果他们拥有足够的隐性能力，就能以更快的速度冲破瓶颈。

隐性能力差的中年人，职业态度也会出问题，他们注定会遭遇职业瓶颈，而且不管怎么折腾都很难走出那段艰难时期。

如果你注意观察，会发现这一类人通常有着如下表现：

只知道机械地模仿别人，守着底层岗位不愿意自我创新、自我突破；

对市场变动常常显得无所适从，无法适应新的环境；

没有团队精神，总是自顾自地工作而不愿意和同事合作，对上司、同事的意见嗤之以鼻；

工作态度极其散漫，经常性地迟到早退，工作中错漏百出；

不愿意向优秀的同行学习，却容易嫉妒别人；

工作中常常情绪低落，没有自信……

当我们的职业态度不够严谨认真，表现得越来越差劲的时候，就会遭遇瓶颈。

隐性能力强的人却始终保持着兢兢业业的工作态度,而他们骨子里的韧性也将在瓶颈期来临时发挥得淋漓尽致。

在他们看来,瓶颈期是“平静期”,这反而是个静静积蓄能力、与自我对话的好机会。利用这段时期,对自己的能力进行更清晰的认识和衡量,看清自己的极限与潜能,积极吸收来自各方面的知识和营养,才能更好地为下一步做准备。

一项调查显示,在职业生涯中人们一般会遭遇 1—3 次的瓶颈期。若迟迟无法突破,我们的事业只会停滞不前;可若能成功突破,我们便能迎来个人事业发展的爆发期。

借助团队或上级的资源和力量

职场中,单打独斗变得越来越少,更多的是团队合作。想要突破职业瓶颈期,不妨借助团队的力量或者上级、优秀同事的资源和经验。这意味着平日里你要积累更多优质人脉,遇到困难的时候懂得更好地向别人求助,如此才能实现完美“升级”。

从工作之外寻求成就感

想要提高自身的隐性能力,先从建立自信心开始。我们在一个职位上工作久了,面临的挑战会变得越来越少,成就感也会随之降低。如果短时间内无法从职业上取得突破,不妨将目光转向工作以外的地方,找到个人价值,逐步提高自信,再将这份自信带到职场上来。

比如,一位职场人士在事业发展受阻后,反而狂热地爱上了户外运动。他利用闲暇时光走遍了工作城市的山山水水,从中获得了极大的满足感和成就感。延续一段时间后,他变得越来越乐观积极、富有激情,工作的时候也劲头十足。

瓶颈期其实亦是平静期、蓄力期。迷茫和慌张都是暂时的,不要被它们左右前进的方向。

各个领域和行业,处于瓶颈期的人比比皆是。为了消除那种焦虑的心境,你得认清“迟到、落后”是人生常态,最重要的是直面压力,不断提升自己。

7. 中年人要学会用“二八法则”改变命运

35岁的夏铭是一名部门经理,每天进办公室,他脑子里就装满了今天要做的各种事:

要和客户沟通,要给部门草拟出一份预算方案,要向下属传达新的季度目标……中间,有下属找他解决问题,耽误了做预算的时间。与客户沟通中,他又被领导打断,拉去开会。下班时,夏铭皱着眉想:“部门预算方案明天就要交,看来今晚得通宵加班了……”

大概很多中年的人一天都是这样过的,经常需要加班。一切成就的获得都基于时间,如果时间管理不好,再好的规划也难以实现。

所谓时间管理,指的是通过预先规划和运用一定技巧、方法及管理工具来实现灵活控制及有效运用个人时间,从而一步步实现自己的职业目标。而在所有的时间管理工具中,“二八法则”极具实用性。把握住那关键的20%,一切问题都能迎刃而解。

不少中年人误以为职场时间管理的本质是“抓紧时间将所有事情做完”,结果在实践的过程中,事情似乎越做越乱、越做越多,怎么也理不出头绪。

“二八法则”的重点在于:你要决定什么事情该做,什么事情不该做。

也就是,工作中,我们应避免将过多的时间和精力花费在普遍而又琐碎的多数问题上,不妨提纲挈领,关注重点,只要抓住事物的“主要矛盾”,便可达到事半功倍的效果。

很多职场人平日工作中所做的绝大部分事情都是低价值的,对结果产生不了实质性的影响。真正关键的那20%的事情,却被我们含糊带过,淹没在密密麻麻的行程表中。

比如,如果你今天最重要的工作是撰写方案及和客户沟通,那么打扫卫生、帮助同事解决问题等琐事都应该推后处理,当务之急是做好这两件事情。

比如,若上司安排你为他撰写一份会议演讲稿,那么前期搜集资料或做其他准备工作可能需要占用你20%的时间和精力,真正下笔去写到最终完成需要占用你80%的时间。如果你本末倒置,在前期准备上耗费了绝大部分时间,撰写计划一定不能按期完成。

再举个例子,如果你的本职工作是文案策划,你却在如何与人打交道、提升沟通技巧等方面倾注了80%的时间和精力,你的职业之路一定不会走得很顺利。

时间管理的对象其实并不是“时间”,而是“自我”。掌握时间管理技能,能让我们最大限度地“压榨”目前所拥有的时间。

利用四象限法来分清“主次矛盾”

按照时间管理四象限法,将这一阶段的职场目标及分内工作进行归类:

(1) 重要且紧急。

重大且紧急的状况;迫切需要解决的问题。

(2) 重要不紧急。

较重要但不是限期完成的工作;长远的目标,比如建立人际关系、提升某项技能等。

(3) 紧急不重要。

工作中迫在眉睫的事,比如回复某封邮件、信函等。

(4) 不重要不紧急。

工作中的一些琐碎之事,比如打印文件等。

如果我们缺少了对工作的前瞻能力,就很容易将 80% 的时间浪费在无意义的事情上。应先权衡各项目标及工作任务的优先处理顺序,分清主次矛盾,再合理地规划时间。

具体做法是:如果当下正面临着一项或几项重要且紧急的工作任务,不妨先将其他事情推至一边,集中时间和精力去处理。长远来看,我们应尽量减少这一类事件的数量,提前做好规划。很多事件之所以从“重要”升级成“重要且紧急”,正是因为我们总是在拖延。

对于重要但不紧急的事情,关键也是做好规划,在保质保量实施的同时,留出一定的时间差。长远来看,我们需要持续不断地在这一类事情上投入时间和精力。

对于一些不重要但紧急的事情,首先要划清边界,如若超出了自己的职责范围,坚决拒绝。而不重要又不紧急的事情,可利用碎片化时间去处理,或者在专注力分散的时候处理。

柳比歇夫时间管理法

书籍《奇特的一生》中提到一个时间管理法则,其步骤如下。

记录:制作“耗时记录卡”,准确记录自己时间的耗费情况。

统计:对自己时间耗费的情况进行分类统计,并绘制成图表,看看自己每天花费在各种工作任务上的时间有多少;用于开会、听汇报的时间有多少;用于各种办公室琐事的时间有多少;用于打游戏、看小说等娱乐项目的时间有多少。

分析:对照自己这一阶段的工作效果,分析自己时间耗费的情况,找出原因。原因包括:耗费大量时间在无意义的工作上;做了超出职责范围内的工作;犯了过去犯过的错误;在开会及处理办公室人际关系上浪费了过多的时间等。

反馈:根据分析结果,重新制订计划,并反馈至下一时段。

除了手绘图表外,我们还可运用各种时间管理的软件来帮助自己做好规划和记录,测试工作效率,比如微软的 Outlook(收发邮件的软件)等。

每个职场人,尤其是中年人,都该进行一场“时间革命”,利用“二八法则”去改变自己的命运。

8. 你羡慕的中年逆袭,不过是别人不放弃的结果

韩剧《迷雾》讲述了金南珠饰演的高慧兰为了梦想,一路绝地反击的故事。

故事的开头女主很惨,人到中年,与丈夫分居,娘家无依。同时,女主在职场上备受同事的排挤,连晚辈都三番五次地公开挑衅她。

为了达到目的,面对每一次挑战,高慧兰都没有选择放弃,而是选择了正面还击对手。她冷血果断,为了升职忍痛放弃了见母亲最后一面。

也许高慧兰的做法无法得到很多人的认同,觉得付出的代价太大了。可是,在现实生活中,中年在实现理想的过程中,遇到的困难和挫折何尝比她少?但又有多少人可以像她一样无畏而勇敢向前呢?

如果你对自己不够狠,又凭什么要求生活给你更多?就连保持体重这件事,对很多中年人来说都是史诗级难题,又拿什么和人到中年依然保持魔鬼身材的高慧兰相比呢?

多数生活不如意的中年人,都不是被别人打败的,而是自己选择了主动缴械投降。

羡慕着别人闪耀的光环,信誓旦旦地想要完成自己的梦想,却又不肯拿出决心和耐力,只是习惯性地安慰自己,间接性踌躇满志,持续性混吃等死。

命运用来区分普通人的,从来不是某个机缘,而是你是不是更

早放弃了。

没有任何成功是毫不费力就能得到的,没有任何好运会无缘无故砸到你的头上。你所看到的所谓好运,都需要用力汲取养分,然后在你忽视的地方,咬牙坚持,用力生长。

相信天道酬勤

《朗读者》开播就火了,有人说:"董卿运气也太好了吧,第一次当制作人,节目就办得这么成功。"但世界上哪里有什么好运气,董卿在接受记者采访时说,她从主持人到制作人"再困难失望也没想过放弃,《朗读者》是我 20 多年一步步走出来的"。

节目筹备初期很长一段时间里,董卿都在四处奔波,到处拉赞助,还要协调各方面关系,寻找播出平台。节目制作期间,她更得加班加点地赶进度,每天只有几个小时的睡眠时间。

有一次她一直在机房里工作到凌晨四点,再过几个小时她得出席媒体见面会。身边的工作人员不时催她去休息,劝她:"你这个样子怎么见媒体?"然而,如期出现在见面会现场的她笑容明丽。她调侃说自己当了制作人后忘了主持人的身份:"女主持人更应该把光鲜靓丽的一面呈现给大家,但我今天凌晨 4 点还在机房,如果状态不是那么好,麻烦摄影朋友们把我修得美一些。"她的这些俏皮话引起现场一片笑声。

谈到运气这两个字,董卿笑了:"我相信天道酬勤,我觉得世界上没有真正的运气,所谓的运气就是你付出足够的努力,自然会得到回报。"

马克·安德鲁斯说过类似的话:"好运只是个副产品,只有当你不带任何私心杂念，单纯地去做事情时，它才会降临。”

所谓的好运，不过是机遇恰好撞上了我们的勤奋与努力。也许你会说，我们都是普通人，怎么和那些名人比？即便是比我们有资源、有机会的名人都这么拼命才能有所收获，我们就更不可能轻松逆袭了。

舍得让自己吃苦

朋友圈里一度被郭德纲写给儿子的一封信刷屏，其中的一句“很多人不成功就在于他太尊重自己了”令人感慨不已。最怕你对生活不满，还舍不得让自己受一点苦。

《都挺好》中的苏明玉出生在一个奇葩的家庭里，爹不疼娘不爱，还有两个“坑爹”的哥哥。她靠什么成功逆袭？大学时，为了养活自己，她利用休息时间在超市里打工，走上街头散发传单，偶尔再做点家教。毕业后很长一段时间里，她都在过着苦日子。去掉房租后只能在超市买一点方便面、大米和鸡蛋，连 5 块钱的地铁费都负担不起。

多年后，出现在众人面前的苏明玉，清丽优雅，淡定自若，仿佛已练就了一身的铜皮铁骨，刀枪不入。可以想象的是，曾经的她，对自己究竟有多狠，这才完成了这场华丽的逆袭。不逼自己一把，我们永远不会知道自己有多优秀。

设置多个进度和时间节点

我们常常会因为在一件事情上得不到及时的反馈而放弃坚持。事情的反馈能刺激执行者的大脑，促使执行继续下去。但如果反馈不能及时到来或者说反馈的周期过长，执行就需要依靠消耗事情带给你的内驱力来维持。长久下去,当内驱力被消耗殆尽时,执行也就终止了,这时,放弃就发生了。

当过于庞大的工作量造成内驱力的持续性消耗时,我们可以将大的目标切割成不同的小目标,在此基础上设置多个进度和时间节点,这样有助于内驱力的恢复和反馈的及时到达。

比如你打算读完史学巨著《资治通鉴》,你可以定下每个月读多少内容,再将阅读任务分摊到每周,最后精细到每一天。每完成一个进度就做一个记录,这样的行为能很好地引导你继续坚持下去。

也有人无比颓丧地抱怨:“生活中哪有那么多逆袭的戏码啊?你看我割了双眼皮也比不上人家的天生丽质。我努力健身又怎么样,男神还是不爱我。我为了考上一个体面的大学几乎拼劲了全力,可是你看我们单位里遍地都是硕士、博士、海归……”

就像大部分歌手再怎么唱,也不可能唱成席琳·迪翁。可那又怎样,难道我们这些出生普通、资质平凡的中年人就干脆放弃努力了吗?只有对自己够狠,试探出自己能力的极限,才能开启人生的更多可能。再不济,努力过后的你,相比于过往的自己,也足以称得上一场炫目的逆袭!

第九章

提前布局，所有的危机都是蓄谋已久

1. 不要以为中年离你还很遥远

大学刚刚毕业，身边都是单身男女，生活里都是吃喝玩乐，这让很多年轻人误以为自己现在还年轻，还有大把大把的时间可以挥霍。至于中年的配置房贷、车贷、孩子，听起来就像遥不可及的梦。

不要以为30岁离你还很遥远，10年时间如一瞬间，嗖一下就飞逝而去。珍惜这段黄金年华的年轻人，会把自己历练成如钻石般出色的中年人；而虚度它的年轻人，到了中年，收获的只有容颜的老去。

坚持做一个时间记录，看看自己每天的时间都花在什么上了，做了哪些不值得做的事。当你不是以小时、以分钟来计算时间，而是以秒来计算时间，你生命的容量就增加了。

肖敬丹从来都认为自己有很多时间,她大学毕业后不急着找工作,而是准备在家好好休息一年。“我不喜欢活得那么累,读书、工作,简直就没有闲下来的机会。再说我还年轻,有的是时间。”每当父母因为她的工作而着急的时候,肖敬丹就会这么说。

一年后,在父母的“逼迫”下,肖敬丹不得已走上了工作岗位。这时她才真正后悔了,她没想到一年的时间居然会造成这么大的差距。

因为没有工作经验,肖敬丹什么都得从头做起。比起那些已经工作了一年多的同学,肖敬丹的工资少得可怜。有些能力突出的同学还进入了管理层。可如今后悔又有什么用呢?肖敬丹只好用加倍努力工作来弥补这一年的差距。

一年一年过得相当快,而这短短一年的时间造成的变化通常是难以想象的。过了20岁你就已经是奔30的人了,当你意识到这一点,你就会自觉珍惜起时间来。别让玩乐吞噬了你的青春,别把时间浪费在那些无关紧要的事情上。

万灵芳是个做事毫无计划的年轻人,她总觉得自己还年轻,所以做什么都完全由着自己的性子来。大专毕业后她就进入了电信公司工作,刚开始还有些热情,但一年后她开始觉得厌倦。于是,没和父母商量,她就辞职不干了,还抱怨父母给自己找了这么一个枯燥的工作。但当她父母问她想做什么工作时,她想了半天也没答上来。

后来有朋友让她去做销售,说干得好一个月能挣很多,于是她稀里糊涂地就去了。3 个月后她觉得自己不是这块料,又辞掉了工作。对于失业,她一点也不着急,甚至还想多玩几年再找工作。

同是大专毕业的李娇却不一样,她觉得时间一不留神就溜走了,趁年轻得多多积累经验。她是学会计出身的,一毕业就进入了一家公司做出纳。之后,她凭着自己一步步稳扎稳打,从出纳逐渐升为会计,再到主管会计、财务经理,最后成为这家公司的财务总监。在十多年的财务生涯中,她走得很踏实,许多学历比她高的人都没有取得这样的成绩。

很多年轻人都会抱怨,抱怨别人的运气比自己的好,抱怨别人的收入比自己的多。其实,无论是谁,有一样东西是绝对公平的,那就是大家每天所享用的时间。每个年轻人都拥有相同的 24 个小时,不同的年轻人用不同的方式来用它投资经营自己的生命,结果自然不同。

时间是组成生命的唯一材料,如果你想在中年有更多的收获,就不要在年轻的时候肆意挥洒时间,虚度青春。

2. 你都没有狠狠努力过,又凭什么不可替代

这个世界上,最可怕的不是有人比你优秀,而是比你优秀的人比你还努力。

美国当地时间 2020 年 1 月 26 日,NBA(美国职业篮球联赛)传

奇巨星科比·布莱恩特坠机身亡,终年41岁。他在17岁时通过选秀进入NBA,在此后的20年里,他一共打了1000多场比赛,赢得5次总冠军。他成为NBA一代巨星靠的不仅仅是天赋,还有近乎残酷的努力训练。

曾有记者问科比为什么能够取得成功,他反问:“你知道洛杉矶凌晨四点钟是什么样子吗?”

他说:“凌晨四点,洛杉矶仍然处于黑暗中,我行走在黑暗的街道上。一天过去了,仍是这片黑暗;两天过去了,黑暗依然没有半点改变;十多年过去了,洛杉矶街道凌晨四点的黑暗仍然没有改变,但我却已变成了肌肉强健、有体能、有力量、有着很高投篮命中率的运动员。”

这并不是科比的自夸,美国篮球梦之队的随队训练师曾在凌晨3点30分接到科比的电话,希望能帮助他做些体能训练。当他5点左右来到训练馆,科比已经自己练得大汗淋漓了。接着训练师指导他练了75分钟体能和45分钟力量,然后回去休息,科比继续投篮训练。当训练师11点回来,科比还在练习投篮。

从来没有一种生活是简单容易的,更没有可以轻而易举实现的梦想。如果你抱怨自己中年失业,抱怨自己中年还没有实现自己想要的生活,抱怨年轻人随时要把自己拍在沙滩上,那应该想想自己在年轻的时候是否拼尽全力努力过?

曾经有人问严歌苓:“怎么能写出那么多本书?”她淡淡一笑,轻声说道:“我当过兵,对自己是有纪律要求的。”

严歌苓说,年轻时她在军队里当文艺兵,每天四点半就得起床练功,冬天也不例外。有一年冬天格外冷,屋外寒风肆虐,她却在舞蹈室里挥汗如雨。白天休息间隙,她动不动就将一条腿搁在最高的窗棂上,两腿绷直如一条线,一直坚持到双脚麻木。

后来,她在心里种下了个写作梦。为了能写出满意的作品,她越发苛刻地对待自己。而在往后的十多年里,她几乎日日凌晨四点多起床,然后坐在书桌前凝神细思。

晕黄的灯光下,她总是一会儿皱着眉头望向窗外,捕捉灵感;一会儿奋笔疾书。她严格规定自己每天坚持写作 6 小时,直到那些灵秀的文字爬满了稿纸,才长舒一口气。

严歌苓坚持着这样的写作习惯,出书就像交作业一样规律,几十年如一日。其实每一次坐在书桌前,她都很难受,有时候甚至痛苦到全身颤抖的地步。尽管如此,她依旧生生克制住了将纸笔扔出去的想法,平稳情绪,一点点过渡到正常的写作状态中。

年轻时,乔布斯每天凌晨四点起床,争分夺秒地处理工作。而九点钟之前,他差不多已经完成了一天的工作。

顶级富豪李嘉诚不管前晚何时休息,第二天清晨 5 点 59 分,闹铃响起后,必定准时起床,一刻也不会耽误。随后,他阅读新闻,再打一个半小时的高尔夫球锻炼身体。做完这一切后,他精神抖擞地赶去办公室开启一天的工作,数十年如一日。

年轻时总觉得人生苦短,应及时行乐不负春光。后来才渐渐发现,每一个失去控制的行为,都会为即将到来的中年生活埋下隐患。所以,对于那些能够控制自己的人,我始终怀抱敬意。自律远远比在血肉之躯上刻字还要痛苦,但这份痛苦是我们实现梦想的前提。

额外付出

职场中,如果所有员工都只能本本分分地完成额定的任务,那么就很难分清孰优孰劣。很多时候,职场中的竞争都不在本职工作之中,而在本职工作以外的地方。如果你能在做好本职工作的基础上再做一些额外的工作,这就是一种能力的拓展,在这样的拓展中,你会对你的工作有更深的理解,这样的理解有助于你不断提高本职工作的工作质量。

特别是在分工日渐精细化的今天,如果你能在完成额定任务的基础上,拓展一下自己的职业技能,很可能就跳出了职位带给你的局限性,拥有一个更广阔的视野,更大的格局。带着这样的视野和格局再去做你的本职工作,你会自然而然地把全局意识加入进去,这样,你在无意间就促进了整个合作流程的共融性。

这样的视野和格局也正是普通职员与领导阶层最大的区别。

工匠精神

今天我们总是强调做事要有“工匠精神”。所谓的“工匠精神”,就是把事情做到极致。

同一件事情,处理起来可以敷衍了事,可以中规中矩,也可以细致入微。从处理事情的结果上可以看出工作者所怀的心态。

一件事情,按照额定的要求去完成并没有什么不妥的地方,但如果你能投入更多的心思去做,就能把它做得更好。事情的完成程度都是有伸缩性的,没有一个老板会厌恶那些把任务做到极致的员工。

精准努力

人到中年,时间和精力都经不起胡乱安放了。在这个年龄阶段努力需要变得更加高效和精准,要达到这个目的,你就不能靠自己去摸索,也不能听一些不够专业的人的指导,你需要通过付费来获取专业的指导。这时,你有足够的财力,也有充分的理由来进行这一笔投资。当然,这笔投资也将为你带来不一样的收获。

这里需要支付的费用既包括了购买各种资讯所需的费用,也涵盖了参加各种培训所需要的资金。

3. 多数人的中年危机,都藏在 20 多岁时的职业选择里

有人说,20—30 岁的 10 年,对每一个人来说都是最关键的,容不得半点儿闪失。因为这 10 年将决定我们人生事业的雏形,将为后半生奠定一个基调。我们中年的模样,过得好与坏,取决于我们在 20 多岁时的选择,主要是职业选择。不得不承认,人到中年,事业上的成功,可以弥补很多其他方面的失败。

很多年轻人不具备自我分析的能力,在就业过程中常会感到迷茫,不知道究竟什么样的职业是真正适合自己的。这样的人在就业之前没有明确的方向,就业之后很容易因为不合适而频繁跳槽,或者因为害怕改变而在一个岗位上耗着。如是拖几年,就会迎来中年危机。

徐楚洪2015年毕业,因为为人耿直,办事勤恳,能力也还算不差,他的辅导员特别看好他,还特地推荐他去旁边的艺术学校应聘老师。其实那学校真的不差,给老师的待遇也好,人家的招聘对象是985院校的本科生,像徐楚洪这样的211出身,那至少也得是硕士才有机会。但对方见是老朋友推荐的人,就给了徐楚洪一个面试机会。巧的是,徐楚洪还真过了面试,一路打败了很多985的竞争者。

本来,这算是皆大欢喜的结局。奈何,徐楚洪在等待面试结果的期间,因为担心自己通不过,又去面试了中国移动的运营部,也就是销售一类的工作,也通过了。最后面对着两份不错的Offer(录取通知),他有些犹豫了。老师的工作跟他的专业比较合,而且他本人也有心继续自考硕士学位,如此来看的话,学校的工作是最适合他的。但是面对中国移动的高福利、高工资,他又动摇了,觉得现在家里经济条件不好,自己应该以赚钱为主,而移动的运营部门,说白了就是销售,销售这个行业是出了名的来钱快,只要自己干得好,一年小康没问题。这样想着,他最后还是选择了移动。

然而世事难料,刚进入公司没多久,就遇到新发文件:员工福利待遇下调。徐楚洪还没来得及缓过神,再次发现,这份工作并不是自己想象中的那么容易。原本他想,即使自己因为刚去,没什么业绩,至少可以锻炼一下口才。但事实是,这只是个美好的想法,工作内容根本不需要他说太多话。就这样,徐楚洪满心苦闷地干到了现在。

如今,他想辞职,但一年的工作早就磨掉了他的斗志,他实在没那个勇气，继续干下去吧。他本就是个木讷的人，根本不适合做销售，也打心里不喜欢，他觉得，即使自己再怎么干，也不会爱上这一行。他就这么拖着，天天发愁，对生活充满了绝望。

职业定位能力缺失的年轻人在进行职业规划与选择时，一部分人会单向地从自身的角度出发，错误地认为自身兴趣与能力的结合之处就是自己职业定位的所在，这就忽视职业本身的要求。另一部分人则会过度强调专业的限制，认为自己所学专业对应的行业就是自己的职业定位所在，这又忽视了求职者本身的个人特点与职业的契合程度。

这样的职业定位方式既不够全面，也不够科学。职业定位时要明确以下几点。

职业的选择也是生活方式的选择

职业是一个人生活最重要的组成部分，大多数的时候它甚至在决定着你的生活方式，因此我们在选择职业时也是在选择一种生活方式。这就意味着你必须做好长期以某种方式生活的准备，必须具备相应的能力。

比如你选择从事媒体行业，那么你就要做好不定时加班的准备，你的身体也要承受得起经常性熬夜。

如果你能长期以某种职业的生活方式去生活，并且自身各方面也拥有足够的能力去支撑你过这样的生活，那么这份职业或许适合你。

不放低对薪资的要求

很多年轻人遇到一份自以为喜欢、适合的工作后,会放低对薪资的要求。这就忽略了工作的本质其实是赚钱,如果一份工作不能给你带来想要的生活,或者说让你的生活过得非常拮据,那么这份工作显然是不适合你的。

人工作赚钱的目的不只是为了解决最基本的生存需求,也是为了追求更加美好的生活。一份合适的工作必须在确保最低生活保障的基础之上还给你留有额外的发展空间。这里的发展空间既指的是经济上的盈余,也指的是时间与精力上的空余。

长期的坚持永远比短期的尝试更靠谱

初入职场,年轻气盛,容易单纯地依靠理论上的分析就否定一份事业或选择一份职业。但事实证明,很多时候理论认知与事件本身相去甚远。为了避免因片面的分析而错过一份真正适合自己的职业,最好的方式是去尝试着做一段时间。

当然,浅尝辄止地体验也很容易让人产生错误的判断,进而否定一份职业。你需要在一份职业上付出一定的时间,并且进行深入的了解,这时得出的适合与否的结论才算得上正确。

刚毕业的年轻人,要多去尝试一些工作,在尝试中你才能发现真正适合你的职业。也不要轻易地就否定一份工作,给它贴上“不适合我”的标签,多坚持一下,过了那段最艰难的时期,也许原先你认为不适合你的那份职业反倒与你很契合。

4. 早一点认识到努力不是拼体力,而是讲策略

在网上看到过这样一句话:“讲战略的勤奋是最高层次的勤奋,讲方法论的勤奋是第二层次的勤奋,拼体力的勤奋就是最低层次的勤奋。”很多年轻人的勤奋都是低效而廉价的,所以他们努力了很多年,结果到了中年依然一无所获。

一个创业咨询师,经常和朋友吐槽客户的种种“奇葩”行径。让他最头疼的是这一种:连营业范围都没搞清楚,就想着去注册一个公司“真刀真枪”地创业。遇到这样的客户,他们只好拿出各行业的经营范围模板,建议其考虑清楚再行动。

近些年来,创业这股时代热风越刮越猛,很多年轻人脑袋一热,便付出所有投入其中,他们中的大多数人尽管付出了种种努力,但也逃脱不了一个伤痕累累的结局。

雷军说:“不要用战术上的勤奋掩盖战略上的懒惰。”

“死”在创业路上的人,少部分是因为四体不勤,大部分却是因为思维上的懒惰。

很多人努力起来那股气势和劲头引人注目,真正了解后才发现他们单纯是在拼体力,而不是在讲策略。要知道,没有章法、毫无道理的勤奋是会禁锢思考的。不怕你不努力,怕的是你以为横冲直撞就是努力。

简帅工作了3年,觉得工资太低,打算辞职去创业。想来想去,他决定开个饭馆,规模不用太大,一般就行,这样成本投入低,

但只要做出特色来,利润可不小。

他在微信里和一个在北京工作的朋友聊天,他说:“听说西翠路口苏宁电器对面的一个小区门口,有个老大爷专门卖猪蹄,那生意可好了,天天有人排长队去买,你说我要是也能研究出一款特色美食,再像那个老大爷一样炒作一把,一定能赚大钱吧!”

朋友忍不住打击他一下:“你对餐饮行业认识有多少?有成功的把握吗?”

他笑得很自信:“餐饮行业没别的,起早贪黑吃点苦就行,我可不怕吃苦。这一次我豁出去要拼一把,准备回家找爸妈、亲戚借点钱,说干就干,不能犹豫!”

很多人一想到创业就要去开饭店,完全不知道这行的水有多深。他们拿不出靠谱的经验,对这一行业所有的认知都是道听途说而已。真正杀入了这一行业,虽然也很努力,但死得也很快。这就是低层次的勤奋。

努力不是拼体力,这一点在年轻的时候就要意识到,否则到了中年还在拼体力,就算勉强糊口,那也是很惨的。毕竟,体力这一优势正在慢慢离你而去。只有讲方法和策略的努力,才能取得事半功倍的效果。

寻找适合自己的努力诀窍

在《超级演说家》的总决赛上,主持人鲁豫对讲台上的那个笑容爽朗的女生说:“媛媛,你是当年的我,但你要比当年的我好太多了。”

演员陈建斌更是断言:“刘媛媛不得冠军天理难容!”

最后,这个叫作刘媛媛的女孩用气场全开的演讲成功赢取了冠军。

刘媛媛起点低,条件差,却靠着极强的学习能力力挽狂澜,让自己在人生的舞台上大放异彩。正如她自己所言:“我总是能比别人学得快!”

刘媛媛彻底“开窍”,是在高一。某个下午,她在图书馆里将一本名为《一个叩开牛津大门的高二女生》的书从头看到尾。她心里从此种下了一个梦想:“我要去北大念书!”

然而,那时候她的学习成绩很差。她看到身边很多同学都很努力,疯狂熬夜刷题,却得不到相应的回报。她自己也是,经常忙碌了一天却说不清自己到底做了些什么。她明白,这样下去别说北大了,能顺利考上大学都是一项奇迹。

直到有一天背书,她突发奇想用了一个小窍门,结果轻松记住了所有琐碎的知识。第二天早上她又默背了一遍,发现自己一点都没忘记。那一刻,她恍然大悟:“原来我用错了方法!”她彻底明白,想要提高成绩,先得提升学习能力。

从那天起,她反复研究最适合自己的学习方法:如何在最短时间内进入学习状态,如何快速刷题……后来,她将这一套练得出神入化,连反应能力都比以前提高很多。

刘媛媛只用了3个月,便从年级“吊车尾”提升为年级第一。然而,令人遗憾的是,高考时她发挥失常,错过了她梦想的北大,被对外经济贸易大学录取。但她并未放弃,反而立誓考研。她的目标还是北大,为了拼过那些优秀的人,她再次修炼起了自己的学习能力。

她一次次跑去图书馆借阅学习方法类书籍,深入研究,吃透,之后一颗心都扑到了考研上。努力许久后,她终于如愿以偿,以全国排名第十的成绩被北大法硕录取……

在参加《超级演说家》这一节目前,刘媛媛可以说是“演讲小白”,几乎没有站在讲台上演讲的经历。而她所遭遇的每一个对手都经验丰富,身怀绝技。

刘媛媛明白,自己唯一的优势在于学习能力。于是她不分台上台下地偷师,暗暗积累着演讲经验,终于完成了从“小白”到老手的惊艳蜕变……

曾有人问她:“你究竟是怎么考上北大,获得演讲冠军的呢?”

刘媛媛回答道:“我可以跟你讲一百个我挑灯夜战的故事,也可以跟你讲滴水穿石的坚持,但是我在逆袭路上,最重要的并不是它们,而是我有超乎常人的学习能力!”

朋友圈里,有个好友转发了这样一句话:“在浴缸里练了十年狗刨式,连真正的泳池都没摸到边,更不知道什么叫自由泳。”努力不是光拼体力,一味蛮干,你委屈自己付出了很多心血,很多汗水,但不知道这些心血和汗水九成都是没有价值的。

不要让低层次的努力耗费宝贵的光阴,否则人到中年,你连加班的力气都没有了,拿什么和那些年轻人竞争?

5. 盘点你拥有的资源和优势

如果你到了30多岁,还不知道自己有什么优势,不知道自己适合做什么,正在纠结要不要换个行业,只能说你还处在20多岁的状态里，这种状态注定无法给你一个丰盈的中年。

有马车的人走陆路，有船的人走水路，没钱的人靠“11 路”。每个人都应该根据自己的特长，尽力找出自己的专属通道，这才是既省力又能直达目的地的方案。早一点盘点自己的优势和资源，并去利用它，才能在中年的时候稳住脚跟，收获颇丰。

很多成就卓著的人之所以能成功，首先得益于他们充分了解自己的长处，根据自己的特长来进行定位或重新定位。

三个旅行者同时住进一家旅店。

早上出门时，一个旅行者带了伞，一个旅行者带了拐杖，第三个人什么也没有带。

晚上回来，拿伞的人浑身是水，拿拐杖的人遍体鳞伤，而第三个旅行者却安然无恙。

前两个旅行者很纳闷：他怎么会没事呢？

第三个旅行者反问拿伞的：“你为什么会被淋湿而没有摔伤呢？”

拿伞的旅行者说：“当大雨来临的时候，我因为有了伞就大胆地在雨中走，却不知道怎么被淋湿了；当我在泥泞坎坷的路上行走时，因为没有拐杖，所以走得非常小心而未被摔伤。”

第三个旅行者又问拿拐杖的：“你为什么没被淋湿而是摔伤了？”

拿拐杖的说：“当大雨来临的时候，我因为没带雨伞，便拣能躲雨的地方走，所以没被淋湿。当我走在泥泞坎坷的路上时，我便用拐杖拄着走，却不知为什么常常跌倒而摔伤。”

听完两人的解释，第三个旅行者笑了笑，说：“这就是我安然无恙的原因。当大雨来临时我避开走,当道路坎坷时我小心走,所以我既未被淋湿又没有摔伤。你们的失误就在于你们自恃有凭借的优势,有了优势便少了忧患。”

许多时候,我们不是跌倒在自己的缺陷上,而是跌倒在自己的优势上。因此,我们更应该了解清楚,自己的优势到底是什么,应该怎么去运用才能发挥最大效用。

找到优势的方法

不同的职业有不同的能力要求,我们要判断自己具备从事何种职业的能力,即要知道自己的优势能力。

推荐几个方法:

(1) 识别优势能力的线索。

在没有经过相关的教育与培训的前提下,如果我们在做某些事时,有反应快、学得快、渴望、满足等感觉,那么,这些事就是我们的优势,或者可以培养成优势。

(2) 尝试有一定难度的工作与活动。

在运用实际的优势能力去获得成功时,不要忽略了自己还有许多潜在的能力。心理学家认为大部分人只发挥了5%—10%的能力。尝试有一定难度的工作与活动,把潜能也发挥出来,你的成就会大大超过你的期望。

(3) 能力倾向测验。

能力倾向测验主要针对两类能力,一类是先天的能力,即智力、认知能力;另外一类是管理能力以及与具体职业相关的能力,它们可能综合了认知能力、社交能力、操纵能力。

归纳自我能力

通过类似以下的问题回顾描述自己能做的事情,归纳相应的能力。

别人认为我什么最出色?

我自己最拿手的事是什么?

我做过的最得意的事是什么?最后的结果是什么?在这件事中,体现了你的什么能力?

估计太高,则流于幻想,没有实际可能;估计太低,浪费资源,高射炮打蚊子,不但可惜了炮弹,蚊子还不一定打得着。大材小用,小材大用,都是方向不对头,关键是要认识自己。

一个人能取得事业成功,其中的因素很多,但最重要的一点,当属自身的优势。发现自己的优势,最大限度地使用自己的优势,才能真正体现出自己的价值。

6. 在 20 多岁投资自己,破解中年危机

著名临床心理学家梅格·杰伊(Meg Jay)曾说:一个人一生中的 80% 最重要的时刻都发生在 35 岁。这就意味着每 10 个决定我们生命会是什么样的经历与“原来如此”时刻中,有 8 个发生在 30 岁中旬,就像一份职业的前 10 年对于一个人将会挣多少钱有非常大的影响。

大脑在人二十几岁的时候为了适应成人期,会达到第二次也

是最后一次成长期的高峰，这说明无论你想改变你自己的什么，现在就是改变它的时间。

如今，我们当中的不少人都非常迷茫：漂在大城市，干着一份自己讨厌又没有前景的工作，身边也没有多少可以谈心事的朋友，并且还没有结婚或者恋爱对象。他们陷入严重的心理危机，更承受着来自外部环境和内心的巨大压力。为什么会这样？其实，如果抛开家庭因素，大家在 20 岁到 30 岁这段时间，状况都是差不多的。

都是一样念大学，然后毕业之后找到一份工作，工资差距也并不大，大家都在默默地为理想而奋斗，为目标而努力。必须认识到，这 10 年是一个人非常艰难的 10 年，我们除了青春和奋斗的热情，一无所有，只能是自食其力，积累经验，努力在这个竞争激烈的社会上找到自己的位置，建立自己的社交网络。这也就意味着，这 10 年对于我们来说是相对公平的 10 年，如果我们能把握好，未来就能在一定程度上弥补与那些出生即富贵的人在家境上的差距，反之，则会日益拉开与他人的差距，陷入更深的迷茫中。

沈瑞杰毕业后进入一家知名的 IT 企业工作快 4 年了。对他而言，目前的工作不错，无论是工资待遇还是工作环境，都让很多同学羡慕不已。应该说，他自己对目前的状态也是比较满意的，工作带给他的最大满足就在于能够完全体现自己的个人价值，这种成就感让他在工作中充满激情。他还记得刚出校门时，每个月底都眼巴巴瞅着发工资，朋友、同事一有什么聚会，无论大小，他都避而远之。但如今，他自信可以应付任何聚会。

但随着从业时间越来越长，他却越来越觉得充满了危机感和压力,这些都在不断侵蚀着他的工作热情。IT 这份工作充满着变数和挑战,技术更新快,人员素质也高,如今越来越多的研究生、博士生加入这一行,什么清华、北大毕业生比比皆是。沈瑞杰身处其中,压力相当大,他需要不停地充电、进修。他目前正在自学更高深的课程,没办法,如果不努力提升自己,他很有可能面临淘汰的局面,如今这样的生活,他并不想放弃。

他觉得在自己这个年龄层,工作和生活压力都很大,自己的期望和实际状况还有距离,工作经验、经济条件也是一道坎。最麻烦的是,IT 是吃青春饭的,30 岁就开始走下坡路,40 岁肯定被淘汰,压力可想而知。如果在 35 岁前他不能成功转型,那就非常悲哀了。因此,他希望自己在未来的几年时间逐渐从技术工作转为管理工作。

他说,他这个年龄段的人,应该说生活压力比较小,没有家庭经济负担,因此,压力主要在职业上。周围同年龄层的人走在一起,大多是谈工作、择业、出路等。因此,他更加迫切地希望利用这最后拼搏的几年时间,赶紧提升自己,为人生铺路。

专家认为,20 岁至 30 岁是人生事业发展的起点。如何起步,底蕴如何,直接关系到今后的成败。而这一阶段的主要任务之一,就是不遗余力地对自己进行投资。曾经有一篇《20 出头的贫穷,可以是最好的增值期》的文章说,年轻的时候,一穷二白是好事,因为它提醒我们,别忘了掂量自己的斤两,然后充电学习、提升自我能力。

20 多岁的我们,不但要学会存钱,以备不时之需,而且要学会花钱投资自己,不断地提升自己的能力、素养和职场竞争力,这才是王道。最聪明的赚钱方式就是在提升能力的同时把钱赚到手。说这么多投资自己的理由,那么,我们到底该如何投资自己呢?

投资工作

努力工作,积累工作经验。始终要记住,领导需要的是能帮他解决问题的人。

投资学习

花钱买体验,买知识,买结识志同道合朋友的机会。

投资兴趣

多把时间花在自己身上,如下班后看一些专业和非专业的书,培养自己的兴趣爱好,自学某样技能,等等。

著名的财经作家、“蓝狮子”财经图书的出版人吴晓波曾经说过,30 岁之前,你这张脸是父母给的;30 岁之后,这张脸是你自己给的。30 岁之前的选择,决定着他 30 岁以后的人生道路。30 岁之前,投资自己是最好的选择。

7. 坚持结交优秀的人,你的中年就差不到哪里去

中年人的焦虑在于,关键时候,朋友圈里居然找不到一个可以求助的人。

书到用时方恨少,人脉也是如此。

你不能等到需要的时候,才想着临时抱佛脚去经营关系,人脉积累,必须有一个积累期和储备期,越早开始越好。

曾禹旖在台北打拼3年,从一个无名小卒,逐渐成为一家大公司的老板。他能取得这样的成功并不是偶然的,这一切都归功于他信奉的哲学:“20岁到30岁时,一个人靠专业、体力赚钱;30岁到40岁时,则靠朋友、关系赚钱;40岁到50岁时,靠钱赚钱。”而且他也正是这样做的。

与曾禹旖相交20多年的友人吴宪长说:“在同业中或同辈中,论聪明、论能力,曾禹旖都不能算顶尖,但是,他能遇到这个好运,八成以上的因素在于他的人脉。因为他很愿意与别人分享,大家才会与他利益共享,机会之神也才会眷顾他,而不是别人。”

结交一流人物能让自己更强。经常与有价值的人保持来往,多见成功立业的前辈,多与比自己优秀的人一起行动,同时回避没有价值的人际关系,这样不仅能获得更多机会,还会大大拓展人脉。

任经海,现在是中国科学技术大学硕士研究生。他是一个从农村走出来的大学生,所以他一直觉得自己和城里的孩子有差距,非常缺乏自信。但同时,任经海也知道,对于一个刚刚走入研究领域的学生来说,很需要树立一种信心,去认识到自己有潜力,能做出真正有影响力的工作。

于是,为了能让自己更有信心、更出色,他决定多与那些优秀的人接触。就这样,任经海报名参加了微软亚洲研究院的学习。

初到那里,任经海就感觉到和优秀的人一起思考和讨论问题是一种享受。他能时刻感觉到思维在冲击和碰撞,这个过程迫使他更快地把对问题的认识提升了起来,同时也让任经海认识到了自我思维的潜力。

一期的学习生活结束之后,任经海不仅找到了自信,而且已经能像其他优秀的人士那样生活,并开拓自己的未来了。

和睿智的人在一起,你会受到良好的熏陶;和卑琐的人在一起,你的品位也会低下。与良师为友,能丰富你的知识和人脉,所以要多结交才智卓越、志向远大的朋友。如果你很幸运,一开始就给自己找到了一个好"老师"自然是好事,但是也有不少人没那么幸运,混了很久也得不到别人的特别关照,如果你属于这一类,那就更主动、更努力地去寻找能助你成功的老师吧。

从身边的优秀人开始

很多人总觉得自己根本没有机会结交那些顶尖人物,这在你刚毕业的时候,的确是没有多少机会。但身边总还有很多优秀人士,他可以是你的上司,可以是其他同业的高层主管,可以是你的长辈,可以是你欣赏和崇拜的任何一个人物。他们的特点最好是有智慧、有远见、经验丰富、思维敏捷、职位高、人脉广、受人尊敬等,当然不一定都要具备,但至少具备一点以上。

不断提升自己的价值

高阳的《胡雪岩》中有这样一句话:"一切都是假的,靠自己是真的,人缘也是靠自己。自己是个'半吊子',哪里来的朋友?"也就是说,如果你没有能力,是个腹中空空的"臭皮囊",是没有人愿意结交你的。

要有积极主动的精神

上学的时候,学生对老师一般都存有畏惧心理,进入社会后,很多人仍然会有这种心理,而不敢去请教。比如,年轻人在刚进入职场的时候,多半都不敢去敲老板的门,只会埋头苦干,从而损失了很多建立关系的机会。

其实,极少有人会去拒绝别人真诚的请教,何况几乎每个人都有"好为人师"的心理,所以你只管大胆地去问,这样师徒关系自然就建立起来了。

哲人说:"读万卷书,不如行万里路,行万里路不如阅人无数,阅人无数不如与优秀的人举箸。"

与优秀的人为伍,不仅能在关键时刻得一臂之力,更重要的是,你的身价也会在不知不觉中提高。